关君蔚 院士 学术思想研究

刘金霞　张志强　主编

中国林业出版社

图书在版编目（CIP）数据

关君蔚院士学术思想研究 / 刘金霞，张志强主编 . — 北京：中国林业
出版社，2022.10

ISBN 978-7-5219-1846-5

Ⅰ . ①关… Ⅱ . ①刘… ②张… Ⅲ . ①水土保持－研究 Ⅳ . ① S157

中国版本图书馆 CIP 数据核字（2022）第 158792 号

策划编辑：杜　娟　杨长峰
责任编辑：杜　娟　陈　惠　郑　蓉
电　　话：（010）83143553

出版发行　中国林业出版社

　　　　　（100009　北京市西城区刘海胡同 7 号）

书籍设计　北京美光设计制版有限公司

印　　刷　北京富诚彩色印刷有限公司

版　　次　2022 年 10 月第 1 版

印　　次　2022 年 10 月第 1 次印刷

开　　本　710mm×1000mm　1/16

印　　张　14.5

字　　数　293 千字

定　　价　98.00 元

出版说明

北京林业大学自1952年建校以来，已走过70年的辉煌历程。七十年栉风沐雨，砥砺奋进，学校始终与国家同呼吸、共命运，瞄准国家重大战略需求，全力支撑服务"国之大者"，始终牢记和践行为党育人、为国育才的初心使命，勇担"替河山装成锦绣、把国土绘成丹青"重任，描绘出一幅兴学报国、艰苦创业的绚丽画卷，为我国生态文明建设和林草事业高质量发展作出了卓越贡献。

先辈开启学脉，后辈初心不改。建校70年以来，北京林业大学先后为我国林草事业培养了20余万名优秀人才，其中包括以16名院士为杰出代表的大师级人物。他们具有坚定的理想信念，强烈的爱国情怀，理论功底深厚，专业知识扎实，善于发现科学问题并引领科学发展，勇于承担国家重大工程、重大科学任务，在我国林草事业发展的关键时间节点都发挥了重要作用，为实现我国林草科技重大创新、引领生态文明建设贡献了毕生心血。

为了全面、系统地总结以院士为代表的大师级人物的学术思想，把他们的科学思想、育人理念和创新技术记录下来、传承下去，为我国林草事业积累精神财富，为全面推动林草事业高质量发展提供有益借鉴，北京林业大学党委研究决定，在校庆70周年到来之际，成立《北京林业大学学术思想文库》编委会，组织编写体现我校学术思想内涵和特色的系列丛书，更好地传承大师的根和脉。

以习近平同志为核心的党中央以前所未有的力度抓生态文明建设，大力推进生态文明理论创新、实践创新、制度创新，创立了习近平生态文明思想，美丽中国建设迈出重大步伐，我国生态环境保护发生历史性、转折性、全局性变化。星光不负赶路人，江河眷顾奋楫者。站在新的历史方位上，以文库的形式出版学术思想著作，具有重大的理论现实意义和实践历史意义。大师即成就、大师即经验、大师即精神、大师即文化，大师是我校事业发展的宝贵财富，他们的成长历程反映了我校扎根中国大地办大学的发展轨迹，文库记载了他们从科研到管理、从思想到精神、从潜心治学到立德树人的生动案例。文库力求做到真实、客观、全面、生动地反映大师们的学术成就、科技成果、思想品格和育人理念，彰显大师学术思想精髓，有助于一代代林草人薪火相传。文库的出版对于培养林草人才、助推林草事业、铸造林草行业新的辉煌成就，将发挥"成就展示、铸魂育人、文化传承、学脉赓续"的良好效果。

文库是校史编撰重要组成部分，同时也是一个开放的学术平台，它将随着理论和实践的发展而不断丰富完善，增添新思想、新成员。它的出版必将大力弘扬"植绿报国"的北林精神，吸引更多的后辈热爱林草事业、投身林草事业、奉献林草事业，为建设扎根中国大地的世界一流林业大学接续奋斗，在实现第二个百年奋斗目标的伟大征程中作出更大贡献！

《北京林业大学学术思想文库》编委会
2022年9月

前　言

自2008年以后，在北京林业大学校园里，再也看不到一位挎着蓝色布兜、身材瘦削、头发花白、步履匆匆的老人，岁月燃尽了他生命中最后一点能量。这位老人，就是为中国水土保持事业作出杰出贡献、著名水土保持学家、水土保持教育事业的奠基者和创始人、中国工程院院士、北京林业大学水土保持学院教授关君蔚。

关君蔚去世已十余年。其间，党的十八大作出了大力推进生态文明建设的重大决策，明确提出要推进荒漠化、石漠化、水土流失综合治理；党的十九大进一步要求加大生态保护力度，实施重要生态系统保护和修复重大工程。经过几代人不懈努力，水土保持与荒漠化防治学科也进入了全新的发展阶段。

值此党的二十大即将召开、北京林业大学建校七十周年、水土保持学院建院三十周年之际，在北京林业大学党委统一领导部署下，水土保持学院组织编写了这部《关君蔚院士学术思想研究》，旨在纪念这位杰出的中国生态建设推动者、亲历者和践行者，总结凝练其学术思想，进一步弘扬其心系民生、躬身实践、服务国家的"泥腿子"精神和家国情怀，启迪和激励新一代水土保持人继往开来，为我国生态文明建设再立新功。

全书共分6章。第一章全面回顾了关君蔚院士学术思想萌芽、发展历程和最终形成，扼要地介绍了他在泥石流防治、防护林体系建设、林水关系和生态控制系统工程等方面的学术成就。第二章全面提炼总结了关君蔚院士在泥石流形成机理、运动规律、灾害防治技术和减灾工程实施机制等方面的学术成就和贡献。第三章系统梳理了关君蔚院士在我国防护林体系建设理论、工程技术方面的学术思想和贡献。第四章重点总结和凝练了关君蔚院士在林水关系方面的重要思想、观点和贡献。第五章介绍了关君蔚院士在生态控制系统工程方面的学术贡献，是他晚年直到去世前，耗尽最后心力留世的开拓性工作，也是他毕生学术思想的理论升华；本章详细总结和阐述了生态控制系统工程的理论精髓，以及对当下和未来一段时间我国生态文明建设的启示。第六章系统回顾了关君蔚院士在水土保持与荒漠化防治学科理论体系的形成、人才培养、专业建设、创建中国水土保持学会、创建学会会刊等方面付出的艰苦努力和奠基性贡献。

本书编写过程中，得到了关君蔚院士生前助手北京林业大学水土保持学院张洪江教授、曾指导的博士研究生中国科学院崔鹏院士、家属关烽先生的大力协助和鼎力支持。程金花教授、张洪江教授组织编写了第一章、第五章，崔鹏院士、马超副教授组织编写了第二章，肖辉杰教授组织编写了第三章，牛健植教授组织编写了第四章，高广磊副教授组织编写了第六章，北京林业大学水土保持学院共计35人参与了有关章节的编写工作。编写过程中，本书得到了北京林业大学党委的多次指导，北京林业大学科技处提供了大量的帮助。本书出版过程中，中国林业出版社作了辛苦细致的工作。在本书即将付梓之际，谨向上述单位和个人，致以崇高的敬意和衷心的感谢！

由于编写者水平所限，对关君蔚院士有关学术思想总结凝练不准确、不全面之处，对我国新发展阶段生态文明建设的指导和启发意义阐述不充分之处，还请广大读者见谅！

北京林业大学水土保持学院

2022年7月

目　录

第一章　总　论

第二章　泥石流研究学术思想

第三章　防护林体系学术思想

第四章　"林水关系"学术思想

图 录

总 论

　　关君蔚（1917—2007年），辽宁沈阳人，中国工程院资深院士，著名水土保持学家，北京林业大学教授，我国首位水土保持学科博士生导师和国务院政府特殊津贴享受者，我国水土保持教育事业的奠基者和创始人，长期致力于水土保持与荒漠化防治、防护林建设的教学和科学研究工作，主持创办了中国高等林业院校第一个水土保持专业和水土保持系，建立了具有中国特色的水土保持学科体系，为中国水土保持事业的发展作出了杰出的贡献（图1-1）。

　　1934年，关君蔚考入日本南满洲铁道株式会社熊岳城农事实验场技术培训班，学习园艺。1936年，考取政府公费留学日本的机会，就读于日本东京农林高等学校（现日本东京农工大学）林学科，获"技术士"学位。1941年，毕业回国从事水土保持专业教学和科学研究工作。

　　关君蔚历任北京大学农学院森林系副教授、河北农学院森林系副教授、北京林业大学（原北京林学院）教授、中国科学院沈阳林业土壤研究所研究员、中国林学会第二届及第五届理事会理事、中国水土保持学会第一届理事会常务理事、中国治沙暨沙产业学会副理事长、《联合国防治荒漠化公约》中国执行委员会高级顾问等职。他是中国水土保持学会的创始人之一，曾任中国水土保持学会第一、第二届常务理事，第三届名誉理事长。1995年他当选中国工程院院士，1998年转为资深院士。

关君蔚毕生致力于水土流失科学治理、人与自然和谐相处，在泥石流防治、防护林体系建设、林水关系、生态控制系统工程等领域，进行了系统深入的探索和实践，对水土保持和荒漠化防治学科理论和实践的发展，产生了深远影响。1978年，他主持完成的"泥石流预测预报及其综合治理的研究"获全国科学大会奖；1985年，他撰写的专著《山区建设和水土保持》获全国农业区划委员会一等奖；1986年，他担任技术顾问的世界百个重大获奖项目之一——"三北防护林建设"荣获了联合国环境规划署颁发的金质奖章；1987年，他参与的研究成果"宁夏西吉黄土水土流失综合治理的研究"获中国林学会梁希奖，同年获林业部科学技术进步奖一等奖；1988年，获国家科技进步二等奖。关君蔚于1983年荣获"全国水土保持先进个人"光荣称号；1989年，荣获国家教育委员会颁发的"全国优秀教师"奖章；2001年，被评为北京市水土保持先进工作者，2003年，获"全国防沙治沙标兵"称号；2004年，荣获国家林业局首批林业科技重奖。

关君蔚将一生奉献给了水土保持事业，在他的努力下，水土保持与荒漠化防治由"森林改良土壤学"一门课程逐渐发展成为国家级重点学科，目前已发展成为农学门类下的一级学科。关君蔚潜心育人，严谨治学，其高尚的师德风范和卓越建树，启迪和激励着一代又一代后来者。

在新的发展阶段，全面总结关君蔚系列学术思想，对于推动我国生态文明建设，促进经济社会全面发展，具有十分重要的意义。

第一节

学术思想萌芽

关君蔚于1917年生于辽宁沈阳，成长在半封建、半殖民地的中国。1941年，他以优异的成绩从日本东京农林高等学校（现日本东京农工大学）林学科毕业回国，放弃了进入当时林垦部当科长的机会，谢绝了筹建察哈尔林业局的邀请，选择了在原北京大学农学院从事水土保持教学和科研工作。

一、早年经历对其学术思想的启迪

回国之前，关君蔚师从日本水土保持的鼻祖诸户北郎教授，在日本度过了4年的留学生涯（图1-2、图1-3）。诸户北郎的渊博知识和严谨学风，为他打开了科学的大门。诸户北郎为人师表、专心育人的师德影响了关君蔚培养人的一贯做法。在求学期间，在拓殖史的课堂上，他曾因反对"拓殖（侵略）有理"和教师展开了争论，当时切实感到国力和科学滞后，必然受到欺凌和藐视，于是立志科技报国，并奠定了科技救国的思路。同时，关君蔚认识到要根治水土流失，必须靠千百人的共同努力，必须有一

图1-2 学生时代的关君蔚（北京林业大学水土保持学院 供图）

图1-3 日本留学时的关君蔚及其老师（左上）（北京林业大学水土保持学院 供图）

图1-4　青年关君蔚（北京林业大学水土保持学院 供图）

大批掌握了水土保持科学技术的人才。这是他立志教书育人、从事水土流失治理工作的缘起。

20世纪40年代初，关君蔚走进了当时北京大学农学院的教室，开始讲授水土保持相关课程（图1-4），一讲就讲了近50年。1957年，全国第二次水土保持会议召开，国家决定要在高等院校设立水土保持专业。关君蔚勇挑重担，同时讲授水土保持工程、治沙、防护林等内容，编写了《水土保持学》教材，为其学术思想的形成奠定了重要基础。

二、学术思想的早期萌芽

中国是世界上历史悠久的农业文明古国之一，水土保持古已有之。尽管水土保持在中国源远流长，但将其上升为一门学问，关君蔚作出了不朽的贡献。他开创了我国水土保持教育，支撑水土保持事业持续发展。他始终坚持理论与实践密切结合，在泥石流研究中，常年在灾区进行实验观测，亲自设计监测仪器；在防护林的研究中，深入田间地头和农家小院，获取大量第一手资料；在造林研究时，走遍了水土流失地区的沟沟坎坎，提炼科学认知，凝练科学理论，研究防治技术。

从实践中来，到实践中去，催生了关君蔚早期的学术思想。

一、泥石流防治学术思想发展过程

1950年，河北省宛平县清水河暴发泥石流，造成巨大灾难。关君蔚前后2年多，对这场泥石流进行了深入的调查研究，并开展了规划设计和工程治理工作。他利用自己的专长，把从日本学来的科学技术知识运用到泥石流研究与防治中。为了认识大石块的运动特征，在北京门头沟田寺东沟标记沟道中的大石块，每次山洪泥石流过后，观测其位置的变化，研究泥石流的运动规律。在对泥石流运动规律有初步认识后，他开始从泥石流形成条件分析入手，结合重力侵蚀特征，把坡面物质补给强度确定为4级，并提出补给强度的确定方法，建立了原生泥石流与次生泥石流预测的方法。

关君蔚很早就注意到，用降雨单一指标预测泥石流存在局限性，提出了把降雨指标与土体水分指标结合起来进行泥石流预报的新方法，并亲自研制用于泥石流监测和预报预警的水分传感器，提出了基于泥石流形成与运动规律的泥石流预测方法和监测预警技术，为泥石流理论研究和减灾实践作出了开创性贡献。

二、防护林体系学术思想发展过程

关君蔚长期担任三北防护林工程的顾问，为工程的实施贡献了重要力量。在三北防护林工程建设期间，作为技术顾问，他开展了我国防护林的林种和体系研究，首次提出了"多林种、多树种、多效益相结合"的防护林营造理论，奠定了防护林体系建设的理论基础，对全国生态林业工程建设产生了深远的影响。

1981年四川长江洪灾后，在长江是否会变成黄河的争论中，关君蔚明确指出："长江存在的问题比黄河严重。"在他的倡导下，1982年，重庆市率先进行了重庆市防护林体系建设规划，推动了长江中上游防护林体系建设一期工程的总体规划工作。这一规划于1988年通过国家计划经济委员会审查，正式纳入计划开始实施，进而为沿海、沿江（河）和全国防护林体系建设奠定了坚实的基础。

三、林水关系学术思想发展过程

新中国成立前，水土流失的治理，无论在世界各地还是我国，大多强调理水防沙、小型水利、田间工程及农业耕作措施等，结果是治标不治本，虽有短期效益，但随着时间推移，水土流失愈演愈烈，直至土地完全退化，农田弃耕、林木弃植、草地沙化。

为改善这种恶性循环，关君蔚通过对"人、水、林"关系的深入分析，借鉴国内外有关实践，提出：人为保护封山，坡地实施水土保持林栽培，人工加速培育植被（林、灌、草），形成陡坡草地、水土保持林，改善土壤结构蓄水，改变水的运行规律，变地表水为地下水；减少地表水的流动、流量，增大土壤渗透、增强地表粗糙度和抗蚀性，变地表水为弱径流；减少水土流失，达到"土蓄水、水养树、树固土"的目的，并形成"蓄水于山、蓄水于林""有林就有水"的水土保持思想。

四、生态控制系统工程学术思想发展过程

关君蔚在不断的实践和研究中提出："科学要超前于生产，才能指导生产。"因此，他不仅注重解决实践中的问题，而且特别重视从实践中提炼理论。他认为，人类是生态系统的组成部分，力所能及地去影响和控制与人类有关的其他生物和非环境条件向有利于人类的方向发展。这是一个系统工程，也是生态控制系统工程的起源。随着思考和研究的不断深入，关君蔚提出了土壤、植被、大气系统及其相应的监测要素网以及网络工作法和节点、节点突变监测。

后期，关君蔚将东方思维和天人合一思想应用于生态系统工程理论中，逐步形成了基于"关式模式"的学术思想，即生态控制系统工程理论。

第三节

学术思想形成

一、泥石流防治学术思想的形成

经过多年研究，关君蔚形成了从泥石流启动、运动过程到综合治理的泥石流系统防治学术思想，并建立了预测预报前瞻性框架。

他创造性地利用以工代赈机制，在经济基础非常薄弱的贫困地区，通过生态措施与岩土工程的有机结合，形成"坡面—沟道—小流域"的多级径流和固体物质调控体系，限制山地灾害形成条件，调节坡面泥沙运动过程。这种中国特色综合治理方案，至今仍是被广泛应用的减灾技术。

二、防护林体系学术思想的形成

关君蔚在长期的防护林研究与建设实践中，在山区、丘陵区、黄土高原区、干旱风沙区等不同区域的防护林林种组成及其配置、结构及其功能等方面，提出了一系列独到的见解，提出"立地条件"和"适地适树"的原则，并形成了其防护林体系建设的理论及实践模式，奠定了我国防护林体系建设的理论基础，开创了一条适合我国国情的防护林体系建设道路。

三、林水关系学术思想的形成

关君蔚林水关系学术思想从诠释森林蓄水保水内涵、揭示森林在水量平衡中的作用开始，提出了森林在水文水循环中的重要地位；研究了森林具有保持水土、净化水质、涵养水源功能，促进了现在森林水源涵养理论形成及发展。他关注"人、林、水"三者间的关系，注重科学用水、抚育管理，提出了"以水定林、优化结构、提质增效、科学绿化"的思想。

四、生态控制系统工程学术思想的形成

2007年，倾注关君蔚毕生心血的《生态控制系统工程》由中国林业出版社出版，标志着生态控制系统工程学术思想的最终形成。他将大系统控制论与可持续发展理论应用于水土保持与荒漠化防治，提出了生态控制系统工程理论，从东方思维的视角，分析生态系统演化、功能、效应和人类的适应，对人与自然关系及其有机协调的论述，为我国生态环境建设事业提出了新的理论与方法。

他认为，任何事物都可与其存在的环境构成一个系统，要在一定程度上改变或者影响这个系统，使其向人们所期望的方向去发展，不可能也没有必要去对系统内所有因子进行干预或者控制，只要选取系统内的一个或几个关键因子，在人为可及范围内对其进行调控，就可以实现对整个系统的影响，并使系统向人们所期望的方向发展。

生态控制系统工程学术思想，凝聚了关君蔚对我国生态建设的新思考，总结了他对生态建设多年研究的新思想，提出了我国生态建设的新思路，对于指导我国乃至世界生态建设的理论与实践，均有十分重要的意义。

第四节

学术思想启示和展望

一、对新时代生态文明建设的启示

关君蔚（图1-5）的学术思想蕴含诸多精髓，泥石流防治思路和模式的创新、防护林体系营建理论、林水关系的科学论述，以及生态控制系统工程理论的提出，为我国生态环境建设提供了新的思路。

关君蔚提出监测预警是水土保持工作的重点，提出了要进行泥石流的监测、预报和预防，要进行林水关系的长期监测，这对于我国泥石流定位监测、森林生态定位监测网络的建设提供了具体的指导。

图 1-5　晚年关君蔚（北京林业大学水土保持学院 供图）

党的十八大报告中明确指出，建设生态文明，是关系人民福祉、关乎民族未来的长远大计。面对资源约束趋紧、环境污染严重、生态系统退化的严峻形势，必须树立尊重自然、顺应自然、保护自然的生态文明理念，把生态文明建设放在突出地位，融入经济建设、政治建设、文化建设、社会建设各方面和全过程，努力建设美丽中国，实现中华民族永续发展。党的十九大报告提出，坚持人与自然和谐共生，建设生态文明是中华民族永续发展的千年大计。

关君蔚学术思想的核心内容与我国新时代生态文明建设的指导思想、山水林田湖草沙系统治理、"绿水青山就是金山银山"等理论不谋而合，体现了关君蔚学术思想的前瞻性和生命力。

二、发展展望

关君蔚学术思想具有极强的前瞻性，一直引领着水土保持及相关领域的发展。其核心思想，如生态控制系统工程理论，可深入应用在生态系统服务功能研究、生态系统综合治理等领域。他的学术思想也将在世界可持续发展、我国生态文明建设中持续发挥引领作用，其学术思想的研究和应用将在当代社会发展中碰撞出新的火花。

在关君蔚所处时代，泥石流防治、防护林营建等主要目的是改善农业生产环境、改善当地人民生产生活条件；而目前，在生态文明建设指导思想下，不仅要考虑防灾减灾，还要考虑生态系统功能，如生物多样性保护等。另外，他提出的"造林就是造水""有林就是有水"等观点，有其明确的适用范围，指的是在适宜造林的地方适度造林，才会对当地的水文过程产生良性影响，并非片面夸大造林的水源涵养作用。在当前可持续发展要求下，要坚持因地制宜、适地适绿，充分考虑水资源承载能力，构建健康稳定的生态系统，保障区域生态安全及水资源安全。对于关君蔚的学术思想，我们既要继承，又要使其与时代融合，造福当代。

参考文献

樊宝敏. 从梦想到现实: "三北"工程的谋划与推动[J]. 森林与人类, 2004(1): 14-18.

高起江. 关君蔚先生的楷模作用激励我在事业中进取[J]. 北京林业大学学报, 1997, 19(S1): 46-48.

关君蔚. 中国工程院院士关君蔚教授题词[J]. 山西水土保持科技, 2004(3): 1.

关君蔚院士生平简介[J]. 中国水土保持科学, 2018, 16(1): 2.

李永静, 黄家旭. 一代良师: 贺关君蔚先生80华诞[J]. 北京林业大学学报, 1997, 19(S1): 37.

林科. 中国工程院院士: 关君蔚[J]. 林业科学, 1999(3): 3.

沈国舫. 关君蔚帮我迈开了第一步[J]. 北京林业大学学报, 1997, 19(S1): 6-7.

师源. 关君蔚和三北防护林[J]. 绿叶, 2006(11): 60-61.

石云章. 保住从森林的根底渗出来的水[J]. 民族团结, 1998(9): 31-32.

铁铮, 廖爱军. "泥腿子"院士: 中国水土保持学科奠基人关君蔚[J]. 北京教育(高教), 2016(12): 70-72.

铁铮. 中国著名水保专家关君蔚院士辞世[N]. 科技日报, 2008-01-08(007).

王选珍. 关君蔚院士简历[J]. 北京林业大学学报, 1997, 19(S1): 197-198.

徐永昶. 关君蔚教授应邀来我省讲学[J]. 青海农林科技, 1979(3): 2.

《中国水土保持学》编辑部. 关君蔚院士的建言引起国务院有关领导的高度重视[J]. 中国水土保持科学, 2006(2): 1-19.

张洪江, 崔鹏. 关君蔚水土保持科学思想回顾[J]. 中国水土保持科学, 2018, 16(1): 1-8.

第二章

泥石流研究学术思想

1950年夏，河北省宛平县（现北京市门头沟区）一场造成巨大损失的泥石流灾害，使得关君蔚与泥石流学科结缘，从此开启了他对泥石流系统研究与综合防治的科学历程，成为新中国成立以后最早开展泥石流研究和治理的科学家。

他生于内忧外患，成长在半封建、半殖民地的中国，早年经历了山河破碎的国殇，对国家的热爱和责任成为他发奋图强的动力。在中国积贫积弱、任人宰割、百姓饱受压迫的年代，他意识到只有依靠科学技术使祖国强大起来，百姓才能安身立命，国家才能自强自立。在动荡的年代里，他靠着一股爱国热情，毅然出国求学，拼命读书，广泛涉猎，专攻治山治水。学成回国后，他踏遍千山万水，把坚实的脚印烙在祖国大地上，和中国的"老、少、边、穷"地区人民群众结下"金不换"的深厚感情。

关君蔚一生远离浮躁，淡泊名利，心无旁骛专注于我国水土保持与防灾减灾事业。他利用自己的所学专长，将科技知识运用到泥石流研究与防治中，开启了我国系统研究泥石流的先河。关君蔚非常注重天然实验室现场的第一手数据，开展了大量野外考察与观测。他因陋就简，创造条件，在北京田寺沟、妙峰山拉拉水沟标记沟道中的大石块，开创泥石流野外原型观测，揭示泥石流的形成机理与运动规律；从流域系统调查出发，探索重力侵蚀机理，提出坡面物质补给强度的确定方法，建立了原生泥石流与次生泥石流的预测理论模式。

关君蔚的研究具有独到的视角和系统的思维。他很早就注意到，用单一的降雨指标预测预警泥石流的局限性，提出把降雨指标与土体水分监测指标结合起来开展泥石流预报的新方法，并亲自研制了用于泥石流监测和预报预警的水分传感器，形成了基于泥石流形成机理与运动规律的泥石流预测方法和预警技术。关君蔚非常注重把理论研究与生产实际相结合，在田寺沟泥石流系统观测研究的基础上，他编制岩土工程措施与植被（生态）措施相结合的全流域山洪泥石流综合治理规划。考虑到新中国成立初期我国经济基础非常薄弱，难以进行高标准山洪泥石流治理工程的投资，他创造性地利用"以工代赈"的机制，解决经济条件落后地区灾害防治这一卡脖子问题，分政府之忧，解百姓之难。

关君蔚为我国泥石流理论研究和减灾实践作出了开创性贡献，研究成果"石洪的运动规律及其防治途径的研究"获得1978年全国首届科学技术大会奖。

第一节

我国泥石流研究的先驱

一、临危受命，结缘泥石流

泥石流是斜坡上或沟谷中松散碎屑物质，在水分作用下失稳起动并在沟道流动的一种水土石混合流体，俗称"走蛟""出龙""蛟龙"等。这种饱含大量泥沙、石块的特殊洪流，暴发突然，历时短暂，来势凶猛，破坏力巨大，是山区小流域地质、地貌、水文、气象、土壤、植被等自然因素特定组合条件下，侵蚀作用极为发育的产物。关君蔚认为泥石流是水土流失发展到极为严重阶段的产物，往往造成毁灭性危害，是水土保持研究的重要对象。

1950年，在8月1—3日降水量275mm的连续前期降雨和8月4日凌晨降水量47mm的瓢泼大雨双重作用下，河北省宛平县（现北京市门头沟区）清水河全流域450km²的范围内，暴发泥石流124处，冲出泥沙石块多达4500万m³，危害村庄104个。此次暴雨泥石流共造成95人死亡，冲毁耕地766hm²，淤埋耕地540hm²。

在这次暴雨群发性泥石流灾害事件中受灾最为严重的田寺沟，流域面积1.50km²，相对高差达720m，主沟长1.68km，沟床纵坡21.3%（图2-1）。1950年8月4日早晨，上田寺东沟源头火烧峪暴发的泥石流顺陡峭的沟谷奔腾而下，泥石流在火烧峪与东峪汇合的弯道处掠过20m高的山脊，直奔田寺村。泥石流从形成到结束大约只有10min，冲毁梯田石埂1000多处，耕地10hm²、羊1群、碾盘4座、小桥2座和10多户人家的住房。由于田寺村位于泥石流的流经地，且三面均被泥石流沟包围，危险性极大。

当时在河北农学院任教的关君蔚，在灾情发生后临危受命，立即奔赴现场。受命前来调查灾害的关君蔚，站在洪水消退后没膝的泥浆里，被眼前灾后的一片狼藉和巨大损失深深触动了。从日本留学归来已经9年，专

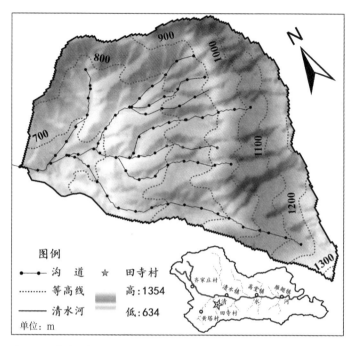

图 2-1　田寺沟流域地貌示意简图

攻"理水防沙"的他，虽作了大量教学工作，可真切地面对泥石流摧毁房屋、农田和吞噬无辜生命，这还是第一次。他说："不能'躲'在讲台上了，得踏踏实实做点事情！"他立志决不能让"蛟龙"肆虐，要用自己的知识缚山沟"蛟龙"，保百姓平安。

二、开启泥石流系统研究和综合防治

关君蔚住进了田寺村，夜以继日地进行泥石流考察、观测、研究和治理工作。他首先对全流域进行详细考察，选定典型沟段开展简易观测，认识泥石流形成与成灾机理，提出了有针对性的灾害治理方案。接着，和乡亲们一道挥汗苦干整整2年，高质量地完成了泥石流治理工程。至今，这里又经历过3次超过当年成灾规模的暴雨，泥石流没有再成灾，有效保护了村民的生命、财产和土地安全。

田寺沟泥石流治理，是关君蔚从日本学成归国9年后，临危受命、不负国家委托和人民期望，第一次在全国开展泥石流调查、研究和综合治理工作。关君蔚在田寺沟的泥石流工作，既有从流域系统的要素过程认识泥石流形成条件和机理，也有沟道物质起动输移规律，还有植物（生态）措施与岩土工程措施相结合的综合治理规划设计。在实施层面上，他还和当地村民打成一片，充分调动人民积极性，发展了生产、改善了群众生活。自此，关君蔚开启了我国泥石流理论研究和综合防治事业，成为我国泥石流学科的开创者和奠基人。

田寺沟泥石流治理完成后，关君蔚马不停蹄地开展了泥石流流域系统的调查，以及形成、运动观测和预测预警的研究。

为了摸清泥石流发生条件、形成机理和运动规律，研发因地制宜、价廉高效的泥石流灾害预防治理措施，关君蔚足迹遍布大江南北，经常深入泥石流发生地区实地考察和研究，获取我国不同类型泥石流物理特性和流域条件等第一手资料。1951—1963年，关君蔚多次奔赴河北省太行山腹地及其毗邻地区，在灵寿县磁河上游、承德地区，北京怀柔云蒙山、门头沟妙峰山等地开展泥石流综合调查。1962年夏，他在妙峰山拉拉水沟进行"泥石流预报的研究"定位观测。

金沙江一级支流小江流域是我国泥石流活动最为强烈的区域，区内生态退化明显，泥石流发育典型、暴发频繁、成灾严重，是国际上著名的泥石流天然博物馆和泥石流研究天然实验室。1972年9月10日—11月20日，关君蔚偕同原昆明农林学院林学系李时容老师去东川开展小江流域泥石流调查。这次考察以老干沟和蒋家沟为重点，对小江与金沙江汇流点至清水海沿线作了线路调查。期间，他们路过老干沟时，听到沟里咆哮阵阵，来势凶猛的泥石流冲断了铁路。关君蔚一头扎进遍地狼藉的山沟，考察流域生态、沟道泥石流运动和坡面侵蚀状况，分析泥石流成因机理。此次考察历时70天，在资料整理基础上，完成了15000多字的《滇东北小江流域泥石流考察报告》，提交给东川市革命委员会。这份报告引起了东川市委、市革命委员会的高度重视。他们按照关君蔚的意见，选择大桥河小流域作为治理泥石流的突破点。1976年2月，当地政府开始治理大桥河，经过5年的不断治理，终于获得了成功。

关君蔚非常关心小江流域水土流失、泥石流治理和生态环境建设。1983年，他带领中日农业农民交流协会赴东川考察，介绍中国治山治水的经验，为中日水土流失的学术交流开创了先例。1987年11月9日，中国科学院东川泥石流观测站对外开放论证会，他再次来到东川，考察了大桥河和石羊沟小流域的泥石流综合治理"东川模式"。1998年7月29日—8月3日，已经82岁高龄的关君蔚，第4次来到东川，参加第五届全国泥石流学

图 2-2　关君蔚（左一）在云南小江考察泥石流（崔鹏 供图）

图 2-3　1999 年，关君蔚题词（崔鹏 供图）

术会暨东川泥石流观测站对外开放十周年大会。会议期间，他同与会代表一起向国家有关部委提出了《关于进一步加快云南省东川市泥石流防治，实现21世纪社会经济可持续发展的建议书》。

1999年，他第5次来到东川，应中国科学院东川泥石流观测研究站站长崔鹏研究员邀请，到站指导工作，亲自携带摄像机到蒋家沟和小江等地考察（图2-2）。他不顾年迈体弱，不畏艰辛，深入实地。在与东川区[1]泥石流防治研究所的同志座谈交流时，勉励年轻同志要立足本职，把泥石流防治工作做得更好，并挥毫题词（图2-3）：减灾防灾，保持水土资源，装点秀美山川，为祖国争光。

面对形成因素和运动机理非常复杂、往往造成毁灭性灾难的泥石流，国内外有学者认为，泥石流和火山爆发、地震一样，是人类无法控制的自然灾害。但在关君蔚看来，泥石流是一条猖狂却并非不能被制服的"恶龙"。早在20世纪50年代，关君蔚带领团队攻坚克难，发现泥石流潜在危险的根源，虽肇因于自然因素，但其暴发往往也与人类不合理的活动相关；其所造成的毁灭性灾害，虽然难于挽回，但从流域系统角度出发，它是一种可以预防和治理的自然灾害。他提出了"控制泥石流起动的核心条件，抑制泥石流规模和发展，变灾害为资源，生态措施与工程措施结合的综合治理模式"的中国特色治理方案。这种科学治理和减灾的思路，紧密结合了新中国成立初期山区生态环境保护实际问题和山区人民经济发展的

1　1999年2月，撤销地级东川市，正式成立县级东川区划归昆明市。

需求，解决了新中国成立初期泥石流治理工程措施布局和尺寸设计的难题，也给出了可有效控制泥石流物源体稳定性的林分类型和结构，真正把新中国成立初期国家和人民的需求与社会经济发展实际情况结合起来。在野外实际观测数据以及形成机理和运动规律研究基础上，他提出了"结合固体物质条件和沟道条件的泥石流发生发展的潜在危险强度判别方法"；他构建了"降雨和流量作为预报基础，固体物质超饱和状态作为预报依据，土体水分动态和张力变化作为预报关键"的泥石流预测、预警框架，结合泥石流起动和烈度的分析，形成了长期监测、分区分级预报系统。

关君蔚的研究形成了比较系统的泥石流形成运动、监测预警、综合防治的科学思想，奠定了泥石流研究和防治的科学基础。

三、情系人民，一生牵挂

关君蔚自田寺沟泥石流研究与治理开始，和被认为无法控制的自然灾害"泥石流"较劲了大半个世纪，不仅为泥石流学科作了系统的奠基性研究，而且在极端困难的经济条件下，高质量地完成了中国第一个泥石流治理工程，为田寺村营造了安全的生存和发展环境。为了纪念关君蔚带领群众开展泥石流治理、兴利除害，田寺村村民在村口竖立纪念碑（图2-4），碑文内容如下：

田寺沟发源百花山，为清水河一股支流，面积20.16平方公里。1982年海河流域在此进行水土流失调查试点，确知其水土流失严重。田寺村以上为上游部分，面积10.085平方公里，由东西二沟组成。1950年8月东沟曾发生泥石流，造成很大破坏。翌年即开始治理，遂与现北京林业大学教授关君蔚建立联系。1981年水土保持实验站在上清水村成立，辟这里为实验基地。1984年起，上游

（a）纪念碑正面

（b）纪念碑背面

图2-4　田寺村村口纪念关君蔚泥石流治理碑记（北京林业大学水土保持学院 供图）

部分开展小流域综合治理，田寺人民以愚公移山精神，历经7个寒暑，提资21万多元（国家补助11.4万元），治理面积6.72平方公里，完成初步治理工作，建起工程措施与植物措施相结合的防护体系，取得了一定的社会、生态和经济效益。今后需在巩固、完善和开发上继续努力。

关君蔚开创了我国的水土保持学科和水土保持事业，潜心于三北防护林工程和生态控制系统工程的研究，但他仍然坚守防灾减灾的使命，不忘泥石流研究和自己曾经带领当地老百姓治理泥石流沟的场景，非常挂念田寺沟泥石流治理工程的现状和当地的生态环境变化。

2002年9月30日，关君蔚最后一次重访田寺沟，调查自己当年设计的拦挡坝、导流堤的使用效益，了解当年种植树木的生长情况（图2-5）。考察期间，幸遇当年一起治理泥石流的老乡，缅怀往事，分外亲切，欣然应邀题词："装点首都秀美山川为祖国争光"（图2-6）。关君蔚临别时还不忘嘱咐："现在正值雨季，是造林的大好时节，但也是泥石流的多发季节，要抓住这一时机做好泥石流的预报工作。"

2007年，关君蔚得知2006年2月菲律宾中东部莱特省因持续强降雨引发特大规模泥石流灾害，造成200人遇难、1500人失踪的灾难事件，寝食不安，思绪飞到了北京远郊的清水河、琉璃庙等泥石流多发区；更担忧

图 2-5 关君蔚在晚年时赴北京田寺沟调研（张洪江 摄）

图2-6　关君蔚于北京田寺村的题词（北京林业大学水土保持学院 供图）

2008年雨季，北京将要举办的第29届奥林匹克运动会，这一盛会期间可能出现泥石流灾情，他连夜给时任国务院副总理回良玉同志写了建议书："泥石流是我国的心腹之患，首都北京就在泥石流包围之中。为了2008年奥运会能经受住雨季考验，建议责成水务局和园林绿化局立即深入普查山区预防体系……"

关君蔚情系人民生命安危，心系国家大事，水土保持和防灾减灾事业这一"国之大者"是他一生的牵挂。他用自己的智慧、汗水和实践，彰显了中国水土保持人敢于担当、勇于开拓的精神，用中国智慧驯服"恶龙"，除害兴利，造福人民。

第二节

注重原型观测、系统分析和生态作用

一、开创泥石流野外原型观测

1956年1月，中共中央发出"向现代科学进军"的号召。时任国务院副总理谭震林主持"山区建设和水土保持攻关研究重大项目"会议。其中，农业，尤其是山地利用和水土保持被列为重点。会上讨论落实了由北京林学院承担华北山地利用和水土保持的研究课题。这是北京林学院首次承担国家重点攻关研究课题，也是关君蔚首次承担国家研究任务。他既兴奋，又感到责任重大，立刻全身心投入项目研究中。

（一）野外考察，认知源泉

关君蔚特别注重第一手资料的获取，开展了大量野外考察和调查工作，先后在河北省、北京市和云南省开展比较系统的泥石流野外考察。关君蔚在河北省灵寿县磁河上游调查，对大地村木场沟泥石流开展考察，从沟谷中山杨的树龄判断该沟是一条老泥石流沟。他通过野外考察，总结出北京市怀柔山区泥石流形成的条件，认为云蒙山以西为泥石流暴发的高危险区，把工作集中在德田沟、景峪、沙峪、后山铺、柏查子和崎峰茶村一带，这个结论为1969年和1972年两次泥石流事件所证实。1960—1963年，关君蔚带队反复考察了北京林学院妙峰山林场泥石流，发现拉拉水沟泥石流发育比较典型，就将其选为野外观测点。为了获得可靠的科学数据，关君蔚在北京妙峰山林场建立了泥石流观测站，在沟头、沟口、沟的阴坡，建立了4个观测点。

（二）因陋就简，创造条件

当时国内经济技术落后、仪器设备非常缺乏，为了获取可靠的动态数据，关君蔚选择妙峰山实验林场的拉拉水沟作为定位实验基地，用红油漆对沟里的石头编号，自制水分传感器，研究泥石流形成过程中重力侵蚀土体内部水分和应力变化规律，摸索泥石流定位跟踪监测预报研究工作。

为使定位观测结果满足泥石流准确预警的现实需要，他系统分析了水分在土体中的存在形式和一次降雨过程中土体水分动态变化特征（图2-7）。1980年，他试制了电容式水分传感器，并用实测数值对传感器含水量进行校正，进而研究在土体含水量超过重力水含量之后，传感器是否还具有准确性，解决了近饱和状态下水分传感器的测量精度问题。而接近饱和状态土体的水分变化则是土体破坏导致泥石流发生的最关键参数。通过多个雨季的实际观测，他发现，在泥石流形成初期，坡面或漏斗型集水区重力水一旦全部贯通，坡脚或沟掌部位沟道中水动压力将有阶跃式变化（图2-7）。这一发现揭示了原生泥石流形成机理的重要过程。

　　进行全流域泥石流监测通信联系是非常重要的手段。20世纪60年代正值"文化大革命"初期，"造反派"以"为山上发报对讲""为日本搜集我方情报"为由，没收了关君蔚的对讲工具，并把关君蔚作为"特嫌"审查。实验绝不能半途而废，关君蔚白天去劳动，晚上就躲在夫妻二人住宿

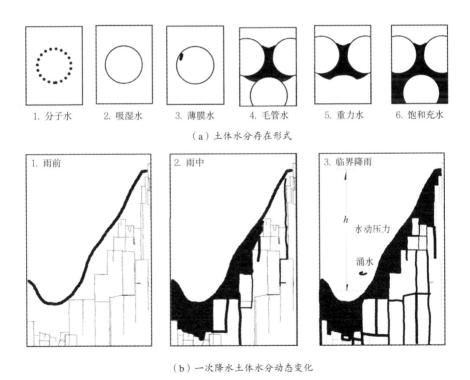

1. 分子水　　2. 吸湿水　　3. 薄膜水　　4. 毛管水　　5. 重力水　　6. 饱和充水

（a）土体水分存在形式

1. 雨前　　　2. 雨中　　　3. 临界降雨

h　水动压力

涌水

（b）一次降水土体水分动态变化

图2-7　关君蔚提出的"土体水分存在形式"和"一次降雨土体水分动态变化"

的6m²小房内，用自己的钱买来电子部件，参照有关书籍，边设计、边摸索着组装对讲机和其他简易的泥石流预测预报自动化装置。他把自己琢磨组装成的有线对讲机安装在观测站，解科学研究之急。此后，他经过8年多的艰苦努力，组装了泥石流观测研究必需的土壤水分传感器，解决了泥石流监测预警的关键参数测量问题。

（三）洞察秋毫，见微知著

关君蔚强调，重力侵蚀和泥石流的发生与土体水分动态有密切的联系。斜坡上土体的抗剪强度，决定于内摩擦角和土体黏聚力的大小，这两方面均随水分的增加而减少。因此，多点、分层埋设传感器测量土体水分动态，就成为必须解决的问题。他认为，随着土体水分逐渐增加，当达到非毛细水（即重力水）连通，或在土体水分超过塑限以后，不仅是重力侵蚀发生的先决条件，而且也促成泥石流的形成和发展。

关君蔚早期开展的泥石流形成过程原型观测，开启了认识泥石流形成机理、运动规律的大门。后期，我国泥石流研究学者在前期土体含水量与实时雨量对泥石流形成的作用及其贡献、土体含水量和土体强度之间的响应关系、重力侵蚀过程中土体内部应力变化、泥石流起动临界条件等方面，继续开展深入研究，使得对泥石流形成机理的认识不断深化。

二、从流域系统内外营力作用与生态功能耦合角度研究泥石流

关君蔚从流域系统内外营力相互作用及其与生态系统的耦合角度，分析泥石流形成的地貌条件和过程，研究泥石流的形成机理。他认识到，原始地貌的形成，是内营力和外营力相互影响和制约的结果，内营力受控于区域地质构造、岩性和新构造运动等要素，这些内营力作用造成了地形的高差、岩土物质的破碎及其易蚀性，为泥石流形成创造高位（势）能和固体物质供给条件；而外营力包括气候和水文条件，风力作用、水力作用、温度变化等导致了岩石风化和地表侵蚀，为泥石流形成直接提供了水分和松散固体物质，是泥石流形成物质的直接提供者。高强度降雨和山区小流域沟道急流，不仅提供作为泥石流组分的水分，而且往往成为激发条件，提供泥石流起动的激发动力。关君蔚认为，水土流失是流域系统内外营力相互作用而且以外营力作用为主导的产物。从这个意义上说，泥石流这种更为剧烈的流域系统表生动力过程，就是水土流失发育到极端严重程度的表现。

就像关君蔚注重自然植被在水土保持中的调水固土作用一样，他在

泥石流研究中同样重视自然植被的作用。他从植被对地表水土过程的调控角度，分析植被在泥石流形成和防治两个方面的作用。关君蔚不仅重视植被在调节水文过程和控制地表侵蚀方面的功能，分析植被对土体水分入渗和径流形成时空特征的影响，研究植被对重力侵蚀和地表外营力侵蚀的控制作用，而且把这些分析纳入流域系统作为一个整体考虑，用系统论思想统领分析，研究流域内坡面与沟道、上中下游之间的关系与植被的不同作用。进而，关君蔚把这些研究建立在基本的地质构造和岩性背景下，选取截然不同的地质背景区开展深入研究。他先后在新构造运动不太强烈的河北太行山和构造活跃、岩石破碎、新构造运动极其强烈的云南小江流域（乌蒙山）开展系统的考察，分析内外营力相互作用与植被对流域系统物质输移和能量转化过程调节功能的耦合作用，形成了最早的以流域地貌过程为主线，从内外营力相互作用与生态功能耦合角度，以系统论为指导思想的泥石流研究科学思想。

关君蔚考察发现，在以田寺沟为代表的清水河流域乃至华北土石山地的原始植被，除较高山地是以白杆、青杆为主的暗针叶林外，绝大部分是以油松、橡栎为主的林地，只有低山区分布以侧柏、橡栎为主的林地。这些林地形成复层混交壮林之后，将是防止泥石流发生作用最大的林分。因此，作为泥石流发生条件之一，植被对物源的控制作用非常突出。当原生植被遭到破坏时（采伐森林、垦坡、放牧等），就会在很大程度上通过改变物源供给条件和地表水文条件，从而影响泥石流的形成条件。

植被一旦破坏，就促使原来相对稳定的坡面向不稳定状态发展，同时失去植被保护的地表侵蚀强度会急剧增加，土体入渗条件也发生极大改变。当降雨期间土体中细粒内部含水量超过其塑限含水量时，就会变形、破坏和移动。如果坡度大于颗粒自然休止角时，将会引起崩塌或滑塌，这就为泥石流提供了物质来源。

当原来植被遭到破坏，雨水向沟道集中汇流的性质也将有很大改变，沿地表和其下的土层迅速集中。在面积大、坡度陡、漏斗形集水区的条件下（在土石山地多数是符合这些条件的），就容易促使地表层径流迅速大量集中，形成具有强烈冲刷侵蚀能力的急流。在沟道中承受此种力量最大而抵抗力最薄弱的地方是在深凹地的底部，这些特殊的地貌部位，也正是泥石流开始发生的起点。

关君蔚强调，植被的控源作用是有限的。植被在缓坡和陡坡条件下，可能起到的控源作用有差异。陡坡因其土层浅薄、土体自重沿斜坡分量较

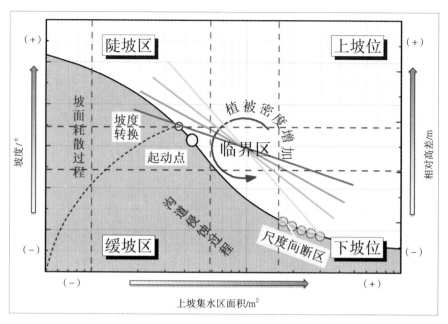

图 2-8　不同植被密度对泥石流物源起动影响

大，可能不适宜乔木；缓坡土层相对较厚，土体自重沿斜坡分量较小，适宜乔木。实际上，从泥石流形成机理来看，泥石流体起动是由于外界的水源条件打破了物质可起动的能量条件。在陡坡条件下，物源体起动所需要的激发条件，可能随着植被密度增高而降低；而缓坡条件下，物源起动所需要的激发条件会随着植被密度增高而增高。进而，关君蔚提出了不同植被条件对泥石流物源起动影响模式（图2-8）。

第三节

泥石流形成机理与运动规律

一、泥石流形成条件

泥石流形成的基本条件包括固体物质、水源和地形条件。泥石流的成因分析主要是认识泥石流发育的环境条件、形成的基本条件和起动的激发条件，是系统阐明小流域泥石流形成因子及其在泥石流形成中的作用。

关君蔚强调泥石流的形成过程是小流域内多种复杂环境条件和动力作用下物质状态改变的过程。他把泥石流流域自源头到堆积扇，分为物源区、形成区、流通区和堆积区，1个典型的泥石流流域应该具备界限分明的以上4个区，在很小的泥石流流域内，前3个区表现不是很清晰，但泥石流的形成条件和过程类似（图2-9）。因而，应综合考虑坡面和沟道、上游和下游、主沟和支沟，从流域系统的角度分析泥石流形成过程，确定泥石流形成条件。

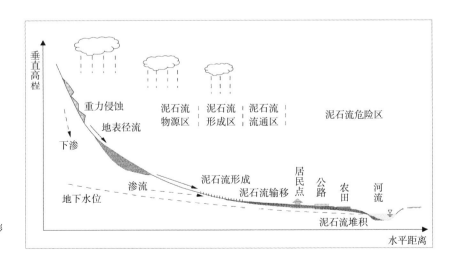

图2-9 泥石流形成及发展过程

关君蔚指出，在侵蚀非常强烈、松散固体物质丰富的流域内，泥石流发生的先决条件首先是要有足够的降雨（或冰雪融水），这主要取决于一次暴雨量和暴雨强度；充分条件是在有前期充分降雨的基础上，再遇有强度大的暴雨。这是因为泥石流的发生，必须在集水区内原有坡面及沟道的松散物质处于被水分浸润（即其中细粒部分在塑限含水量以上）的状态下，才能形成泥石流中固体物质补给的基础。至于前期降水量和时间多少算"充分"，再遇暴雨的强度要有多大，可以用过去发生泥石流的气象记录分析厘定。由于下垫面条件不同（如在融雪水区和降雨区、多植被和少植被区、强构造和弱构造区等），这个标准在不同地区有较大的差异，即使在同一地区不同流域也有一定差别。但是坡面及沟道中松散物质体内的细颗粒土处于塑限含水量以上，则是发生泥石流的先决条件。

在以上的先决条件下，泥石流是否发生还取决于以下两个方面：

一是集水区是否能迅速大量汇集地表径流。这主要取决于集水区的形状、坡面条件、地表层厚度和透水性、不透水层性质及其与地表层接触状况等。例如：漏斗状集水区，坡面大于23°，地表层深厚；其透水性与其下不透水层差异很大，且彼此整合接触时，则易于发生泥石流。但还必须具备第二个条件。

二是集水区内松散物质状态。集水区的坡面和沟道中有足够的松散物质，而且处在易于被冲的状态。很明显，如果没有这个物质条件，其他条件具备也只能形成洪峰较大的山洪，而不能形成泥石流。因此，该物质条件是形成泥石流的必要条件。

二、泥石流起动机理

泥石流起动机理是探索流域内各环境因子相互作用导致泥石流发生的基本原理，是认识泥石流从静到动、从固体到流体转换过程的核心。对于泥石流起动，按照动力学作用可以分为土力类和水力类。土力类泥石流是我国大多数山区泥石流的主要类型，其形成过程是土体在降雨或径流等水源作用下，土体饱和、固结强度降低、结构破坏、土体液化等模式下起动转化为泥石流的过程。水力类泥石流是土体在一定强度的径流冲刷作用下起动转化为泥石流的过程，多形成偏稀性的泥石流。

关君蔚在进行坡面重力侵蚀和原生泥石流预测中指出，原生泥石流的发生起因于主、支沟两岸的漏斗型集水区。在这些泥石流起动区，底床坡度、水分状况、颗粒级配、堆积规模、底床糙度、断面形态等，都会影响到泥石流起动。其中，底床坡度、水分状况和细颗粒含量是影响泥石流起动的决定性因素。关君蔚着重强调了坡面组成物质的特殊性，尤其是细粒土与松散粗骨土比例在泥石流起动时"烈度"上的差别（所谓的烈度，是为了反映泥石流突然发生，运动时间短和破坏力的特点，用单位时间内形成或者释放的能量来衡量）。对于以粗骨土为主的重力侵蚀，形成泥石流的烈度主要取决于沟床比降和水动力条件；而以细颗粒为主的重力侵蚀，由于颗粒间为大量泥质充填，当细粒土含水量超过塑限，将形成以塑性变形为主的匍匐形泥石流。当细粒土含水量超过液限，泥石流流速增大，其烈度将会大大提高。

关君蔚认为，泥石流起动是泥石流形成的关键环节，他在指导博士生崔鹏研究时，就选择泥石流起动作为其博士论文题目。崔鹏在关君蔚指导下，开展了泥石流起动机理的研究。基于关君蔚对泥石流形成条件和机理的深刻认识，他们提出了"准泥石流体"的概念，认为它是具有一定组成、结构和力学强度的弹性体、塑性体、黏性体。在起动过程中，既有塑性屈服的一面，又有弹性变形的特性。在起动以后的流动阶段，主要表现为黏滞性。不同级配的准泥石流体会形成网状、网粒、格架等结构，在起动（破坏）时表现出大相径庭的"烈度"特性。他通过100多组不同物质组成、坡度、水分含量组合的模拟实验研究，深入分析了准泥石流体内细颗粒含量、峰残差、起动特征、起动后的运动情况以及堆积特征，提出了以下3种机理：

（一）加速效应

准泥石流体在受力破坏过程中，由于结构改变而使自身破坏过程加剧，缩短起程时间，增大起程速度的作用。可以用"弹性冲动"和"残峰强降"加速机理解释泥石流起动的加速效应。

当准泥石流体细粒含量较少时，粗粒间的咬合摩擦作用强，颗粒间连接作用弱。因而，其屈服强度值τ_B高，结构连接的破坏应力τ_t相对较小，强度差值（$\tau_t-\tau_B$）小，破坏时弹性比较显著。处于静力平衡状态下的未破坏完整准泥石流体中，在即将产生的破坏面附近，准泥石流体的"峰值强度τ_P"与其完整性被破坏后所形成的破裂带中被扰动后准泥石流体的"残余强度τ_r"两者之间存在着差值（该差值称为"峰残差"）。

未破坏的天然完整准泥石流体在静力极限平衡时，会形成与自身强度τ_s相应的起动力τ_d，由于抵抗力按破裂带峰值强度的强度降低率减小；相应地，起动部分也骤然地释放了原有起动力的相应量值，使准泥石流体在开始起动的瞬间，就能获得相当高的起程速度沿动力方向迅速运动，形成加速起动。准泥石流体的抵抗力越大，峰残差 $\Delta\tau$ 越大，则起动时的加速效应越大。

（二）分离效应

随着细粒含量的增加，细粒填充了粗粒骨架孔隙，减少了粗颗粒之间的摩擦和咬合力，增强了颗粒间连接力。准泥石流体的屈服 τ_B 减小，结构连接的破坏应力 τ_t 增大，$\tau_t-\tau_B$ 值增大，塑性增强，弹性减弱。当起动力 τ_d 大于和等于屈服强度 τ_B 时，准泥石流体就开始起动。由于 $\tau_t-\tau_B$ 值较大，变形受到限制，若要产生破坏，还须增大 τ_d 或减小 τ_s，直到新的临界条件。在这种情况下，起动是分阶段发展的，称为"分离效应"。弹性的减弱消减了加速效应，不会产生较大的起程加速度，形成常速起动。另外，若准泥石流体内部存在原生或次生结构面，破坏沿结构面发展，起动时也具有分离效应。

（三）连接效应

当准泥石流体中的细粒含量超过一定限度时，粗粒大部分或全部被细粒分隔，呈悬浮状态分散于细粒中，细粒的连接作用进一步增强，形成网格结构，使之具有一定的屈服应力，准泥石流体的强度主要由细粒部分的连接作用确定。由于缺乏粗粒的骨架支撑作用，屈服应力降低。在细颗粒水分完全饱和前，粒间连接以吸力为主，在起动后的剪切过程中，颗粒相互碰撞缔合，产生新的连接；团粒分解增大了比表面积，增加了吸附水，减少了自由水，吸附力增强，提高了粒间连接和结构强度。这种剪切过程中的结构恢复和建设，补偿了结构破坏的程度，提高了准泥石流体的强度，使之难以达到破坏极限。因而，起动临界坡度小，起动过程发展缓慢，且往往在起动后的剪切运动中停滞，需增大起动力（即坡度）才能再运动，形成缓慢运动。

为进一步总结泥石流起动机理的3种类型，他们还综合考虑泥石流过程成因（反应准泥石流体起动的成因和机理）、物理现象（起动过程的表观特征）、实际应用（指导生产实践）和分类的统一性，以泥石流起动的力学特征和表观过程的差异性为依据，根据实验观察资料和上述泥石流起动的加速效应、分离效应和连接效应，制定出量化和定性的分类指标，并将泥石流起动分为加速起动、常速起动和缓慢起动（表2-1）。

表 2-1　泥石流起动分类

项目		加速起动 I	常速起动 II		缓慢起动 III
			II₁	II₂	
细粒含量		<25%	25%～40%	40%～50%	>50%
峰残差 $\Delta\tau$		大	中	中	小
起动特征	起动过程	快	较快	较慢	很慢
	泥砾关系	分离	较大砾石分离	个别砾石分离	不分离
	分选性	强	强	弱	无
	起动状况	一次性起动	由前向后发展	由上层向下层发展	整体一次性起动
	滞留层	集中于后部	较少，厚度、粒径均匀	较多，多为大砾石	多，底部均为滞留
起动后运动状况		基本为整体运动，有翻滚、掺混和大砾石超前现象	运动中有分离，掺混现象明显，细粒浆体超前，大砾石滞后	运动具有整体性，搅拌掺混现象弱，仅个别大砾石滞后	运动具有很强的整体性，无掺混分选，整体缓慢流动
堆积特征		滞床物少，堆积扇发育不完全。个别大砾石堆积于前缘，舌部多为中等颗粒，中部粒径加粗	滞床物少，堆积扇发育。堆积扇前缘为细粒浆体，舌部多为小颗粒，中部多为大颗粒，尾部中小颗粒较多	沟床滞留量大，堆积扇规模较小。堆积物级配在空间上基本无分选	物质多留于沟槽中，堆积扇不发育

三、泥石流运动与发展规律

关君蔚明确指出泥石流与山洪的区别：泥石流是水和土、砂、块石的整体流动，具有一定的直进性和相应的爬坡能力，有明显的阵性性质，分选作用不明显，当其停止运动时，土砂块石基本上按原来结构堆积，尤其当在沟口有平坦宽阔的地形条件时，就形成大、小块石间杂存在具有显著特点的扇状堆积物；山洪是水流冲刷携带土砂等固体径流物质的连续流动，直径性和爬坡能力不强，流体内部上砂石块处于不饱和状态，不具有结构性，山洪堆积扇坡度较缓、颗粒分选作用明显。

他通过对辽西地区、承德地区、燕山山脉、太行山脉、江南部分地区、川滇山地等泥石流多发地的考察发现，泥石流常是多沟同时发生，但规模却大不相同。比较常见的是一种"雏形泥石流"，其规模较小，也具有发生泥石流应有的形成区、流通区和堆积区，但显著不同于"典型泥石流"。其实，所谓"雏形泥石流"就是有继续发展条件的泥石流，而所谓的"典型泥石流"是由"雏形泥石流"继续发展的结果，这是由流域地貌发育不同阶段所决定的基本特征，这些特征对泥石流运动和发展演化具有重要影响，主要体现在以下3个方面：

（一）水土物质补充和运动路径特性

促使泥石流进一步发展的条件有2个方面：一是水和土砂石块等固体物质的补充，这是促使泥石流发展的物质基础，主要决定于集水区面积的扩大、集水区的性质和水系汇流状况，尤其是各级支流水系中松散物质的数量和分布；二是运动路径能维持泥石流始终处于饱和或超饱和状态，这主要决定于流动路径纵坡大小、横断面宽窄变化。一旦汇入的水量和土砂石块能够在合适的纵坡条件下运动，泥石流规模将逐步扩大，发展成不同规模的泥石流。

（二）泥石流规模发展的地形限制条件

限制泥石流规模发展的主要是横断面展宽和纵断面变缓，以及沟床粗糙使运动阻力变大和流路跌水消耗能量等。例如，在泥石流继续向前运动中，遇到宽平的沟谷，汇流入主河的宽平河床，由于坡度减小、流速骤减，土石块迅速大量集中堆积。大部分水流将携带一部分较为细小的固体物质顺流而下，成为固体径流不饱和状态，转化为山洪。

（三）泥石流体运动过程中的不稳定性

在泥石流开始形成之后，一直到沟口的流动过程也不是始终处于饱和或超饱和状态的等速运动。在流通区，遇有流路变宽和变平时所受阻力增加减速堆积，甚至停止，形成"地垄"，载断流路；后方拥水增压，再度破垄流动，可使流体规模进一步增大。遇有流路变狭、变陡且阻力减小时，泥石流流速增加，又形成了不饱和状态，冲刷流动路径上的固体径流物质，增大泥石流体的密度和规模，在条件合适时，又形成超饱和状态的急流。

第四节

泥石流预测和预警

一、基于流域系统分析的泥石流灾害预测理论

关君蔚认为，泥石流预测就是对泥石流发生条件、形成规模、发生频率、潜在危险强度、危害涉及范围等方面，在详细调查基础上，力求得出具体指标，作出具有数量概念的结论，为治理和预报泥石流提供可靠的依据。关君蔚早期开展的泥石流预测、野外调查和原型观测，都是以小流域为基本单元，基于流域的全面调查和系统分析，获取翔实的集水区内调查资料。他一般由沟口（包括泥石流堆积扇）开始，溯源而上直抵分水线，然后顺沟而下再重复考察到沟口；对于流域面积比较大由多级支沟组成的复杂泥石流沟，他就由沟到坡，再由坡到沟多次反复调查，反复考察研判，不断发现新问题，经多次反复验证取得充实的资料。接着，从流域系统内的泥石流形成环境出发，把泥石流预测的众多因素概括为重力侵蚀危险程度和沟道形态因子，再将两者的影响程度量级结合起来，综合得到以小流域为单元的泥石流潜在危险强度，用以预测泥石流发生。

（一）重力侵蚀潜在危险程度分级

泥石流的形成是以固体物质超饱和状态为条件，而固体物质绝大部分来自坡面，尤其是坡面上由重力侵蚀所形成的瞬时大量固体物质，常是泥石流发生和发展中固体物质补给的主要来源。

坡面上重力侵蚀的发生决定于：

$$\tau = \sigma_n f + c \tag{2-1}$$

式中：τ —— 单位面积上的剪应力，单位为kPa；

σ_n —— 单位面积上的正应力，单位为kPa；

f —— 摩擦系数，无量纲；

c —— 黏聚力，单位为kPa。

其中，σ_n、f、c 依坡度、坡面组成物质（指均质细粒土或松散粗骨

土）、土体厚度、基岩、植被和坡面土地利用状况而变化。

以L表示坡面组成物质和坡度，E表示土体厚度和基岩，F表示植被和土地利用状况，并以K表示坡面重力侵蚀潜在的危险强度，则有：

$$K = f (L, E, F) \tag{2-2}$$

通过分析大量第一手调查数据，关君蔚提出了重力侵蚀潜在危险强度分级，详见表2-2。

（二）沟道形态特征分级

关君蔚强调，泥石流形成往往以重力侵蚀为基础，但重力侵蚀的发生并不一定引起泥石流。因为，次生泥石流只在沟道中发生，泥石流形成需要沟道各形态因子提供动力条件。他指出，影响泥石流形成的沟道形态因子，主要是集水区凹地的纵坡、水系的汇流状态、泥石流侵蚀、流通区和堆积分区、侵蚀基准的有无和分布、沟道纵横断面的特点、沟道里"地垒"的分布和状况、泥石流堆积扇等，并根据各个因子的大小，提出了沟道形态特征R的3级分级表（表2-3）。

表2-2 重力侵蚀潜在危险强度分级

坡面组成物质和坡度 L	土体厚度和基岩 E	植被和土地利用状况 F	重力侵蚀潜在危险强度 K
粗骨松散土：$\alpha < 23°$ 均质细粒土：$\omega < \omega_p$	沙黄土，土体厚 <1m 的硬山灰石山，岩层与山腹异向倾斜，岩层不正合，断层节理不发达，有氧化型渗出或泉水	有深根系树种的乔灌木混交复层异龄壮龄林	有小规模局部重力侵蚀危险不足以形成泥石流
0	0	0	0·0·0　　　　0
粗骨松散土：$\alpha > 23°$ 均质细粒土：有 $\omega > \omega_p$ 的可能	黄土，老黄土（红色黄土），土石山土体厚 >1m，有重力侵蚀基准	其他原生林，灌木林，次生林 >70%	
1	1	1	1·1·1
	土体层次或岩层整合倾斜与山腹平行 >23°，有黏质间层或泥化层 >13°，变质深强，断层节理丰富		有形成泥石流危险
1	2	1	1·1·2 ⎫ 1·2·1 ⎭ 1
		残林 <70%，草地，撂荒地，过渡地，坡耕地，土砂流泻山腹	有形成泥石流严重危险
1	2	2	1·2·2　　　　2

表 2-3　沟道形态因子分级

沟道形态因子	级别		
	0	1	2
集水区凹地坡度	<23°	>23°	>23°
水系汇流状态	狭长的单一或互生叶脉状，矩形单侧汇流状	漏斗形辐射状、圆形、网状	漏斗形、圆形、复式辐射状
泥石流分区	不明显	明显	侵蚀区、沉积区明显，流通区侵蚀沉积交替
侵蚀基准	侵蚀区有	侵蚀区无，流过区有	流过区有或无
纵断曲线	流过区 <8°	流过区 8°～13°	凹形圆滑曲线 23°-16°-13°-8°
横断面特点	曲流显著沟道开阔，两岸平缓	平直，少植被	平直，少植被，沟口堆积明显
地垒和泥石流堆积扇	沟道宽狭与沉积相关不明显	沟道宽狭与沉积侵蚀相关密切	沟道宽狭，地垒和纵断坡度相关密切
沟道外形条件 R	R_0	R_1	R_2

（三）泥石流潜在危险强度分级

为了能将重力侵蚀潜在危险和沟道形态特征结合得到泥石流的潜在危险强度，需要进一步量化沟道形态特征分级。表2-3中，R只是沟道形态条件系数，并未涉及沟道危险强度。关君蔚首先考虑泥石流沟道中固体物质性质及其水分状况（强超饱和、超饱和、微超饱和），分析泥石流发生时间与最大洪峰和最大雨强的时间关系，结合泥石流堆积扇特性，提出了泥石流沟道条件危险分级表，以C_1、C_2、C_3表示影响泥石流发生发展的潜在危险强度，量化了沟道危险强度（表2-4）。

设T为按集水区总体的泥石流潜在危险强度的指标，则有：

$$T = f (F, E, R, C) \qquad (2-3)$$

将表2-3和表2-4加以综合，则得到泥石流潜在危险强度分级表2-5。

表 2-4 泥石流沟道条件（C）危险强度分级表

泥石流沟道条件		强超饱和泥石流 C_3	超饱和泥石流 C_2	微超饱和泥石流 C_1
泥石流发生时间和雨洪数据	泥石流发生时间	—	—	—
	最大洪峰（m^3/s）出现时间	—	—	—
	雨型和最大雨强（mm/h）出现时间	$> H_{max}$	$= （或）\approx H_{max}$	$< H_{max}$
泥石流堆积扇　外形数据	堆积扇表面坡度	$> 13°$	$8° \sim 13°$	$< 8°$
	堆积扇地面坡度	—	—	—
	堆积扇顶部位置	低于或等于沟口高度	进入沟口	深入沟口
	堆积扇体积 $/m^3$	—	—	—
泥石流堆积扇　性质指标	堆积扇表面起伏量	起伏量大、常有顺水路方向堆积	基本平正	平正
	堆积扇上水路状况	无固定水路，乱流明显	有相对稳定水路	水路稳定深切，底部有冲积物质
	堆积扇周围裙裾状态	无裙裾分选沉积物	无明显裙裾	有分选裙裾沉积物
固体径流物质（土砂砾）分析	平均最大固体径流颗粒长 b	$>50cm$	$15 \sim 50cm$	$<15cm$
	b 在水平面垂直面上排列方向	水平面上无规律，垂直面有上翘趋势	稍有 b // 流线倾向	b // 流线较多
	固体径流物质分选情况	分选不明显	局部分选不明显，总体向下游粒径减小	大颗粒间隙有分选细粒沉积
	固体径流颗粒级配	—	—	—
	固体径流颗粒岩性	—	—	—
	颗粒间隙填充物特性	有泥浆包裹填充或"泥砾"	间隙由松散或未分选颗粒填充	间隙主要由后期山洪分选填充
	固体径流物质磨圆度	不一致	磨圆度小但较一致	磨圆度稍显著

表 2-5　泥石流潜在危险强度分级

泥石流潜在危险强度分级	符号	判定条件	备注
有发生泥石流严重危险的	T_3	$F_2 E_2 R_2 C$	
有发生泥石流危险的	T_2	$F_1 E_2 R_2 C$、$F_2 E_1 R_2 C$	
以山洪为主偶或发生泥石流的	T_1	$F_1 E_1 R_2 C$、$F_2 E_2 R_1 C$、$F_2 E_1$ $R_1 C$、$F_1 E_2 R_1 C$、$F_1 E_1 R_1 C$	$F_1 E_1 R_2 C$ 以沟道泥石流为主 $F_2 E_2 R_1 C$ 以雏形泥石流为主
无危险的	T_0	其他	

关君蔚提出的基于流域系统分析的泥石流灾害预测理论，为我国以小流域为单元开展泥石流调查和勘察、泥石流形成因子量化与形成机理研究、泥石流流域系统治理指明了方向。在我国泥石流研究学者的不懈努力下，集合国外相关研究成果，形成了《泥石流灾害防治工程勘察规范》（DZ/T 0220—2006）。

二、基于泥石流起动的预警理论

在关君蔚基于流域系统分析的泥石流灾害预测理论中，细化了重力侵蚀的物质组成和沟道形态因子，这两种因素结合起来就形成了泥石流起动的能量条件。对于具有一定能量条件的泥石流体，在一定水分或者其他外力作用下，结构改变、强度降低、失稳下移的过程称为泥石流起动，继续发展就形成泥石流。为了将泥石流起动机理付诸实践，寻求泥石流主动防灾技术，关君蔚亲自到九寨沟，指导学生崔鹏开展泥石流起动机理的实验和研究，从材料选择、样品制备、实验过程、数据获取、结果分析、模型建立给予了细致的指导。通过分析实验数据，结合长期大量的野外考察认识，建立了泥石流起动条件模型，确定泥石流起动临界条件，作为泥石流预警指标。

（一）泥石流起动条件

基于100多组模拟实验数据，深入分析了泥石流起动与底床坡度θ（°）、颗粒级配C和水分饱和度S_r等的关系，建立了以这3个自变量为基础的应力状态函数：

$$y = f(\theta, S_r, C, K) \tag{2-4}$$

式中：K——由边界条件所决定的常数。

对于给定的泥石流沟，K值确定，从而松散固体物质的状态包括：

$$f\ (\theta,\ S_r,\ C)\ \begin{cases} <0,\ \text{暂时保持稳定} \\ =0,\ \text{临界起动状态} \\ >0,\ \text{完全起动状态} \end{cases} \quad (2\text{-}5)$$

据此，定义泥石流起动条件为：

$$f\ (\theta,\ S_r,\ C)\ =0 \quad (2\text{-}6)$$

从而定义了泥石流起动临界条件曲面（图2-10），对于山区沟道中任意一种准泥石流体，就是θ-S_r-C坐标系中的一点$P\ (\theta,\ S_r,\ C)$。当P点位于曲面S_c上时，准泥石流体已经起动；当P点位于曲面以下，准泥石流体处于稳定状态；若P点位于曲面以下，已经产生起动。

（二）泥石流起动势函数

进一步分析泥石流起动条件，建立了泥石流突变模型和泥石流突变模式的势函数，即：

$$V\ (S_r)\ =\ (\frac{A}{4}\,S_r^4+\frac{B}{2}\,US_r^2+Q\theta S_r) \quad (2\text{-}7)$$

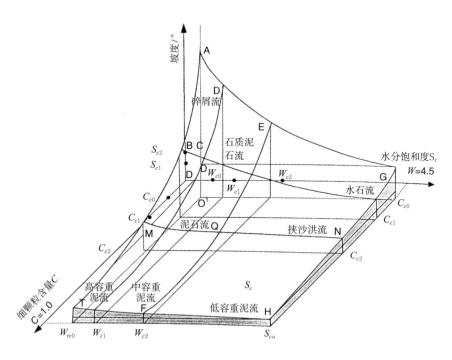

图 2-10　泥石流起动模型

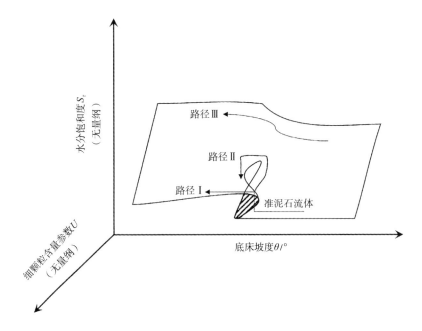

图2-11　泥石流起动突变模型

　　该模式揭示了泥石流起动的物理机制，表明泥石流起动具有突变、渐变和中间状态3种路径，分别对应加速起动、常速起动和缓慢起动（表2-1）。在泥石流起动突变模型（图2-11）和势函数［式（2-7）］基础上，提出了泥石流预测方法和减灾技术，并在九寨沟景区日则1号沟和树正沟进行了验证，发现树正沟松散固体物质起动条件较好、易于形成泥石流，其活动强烈，发生频繁。

三、考虑水土耦合作用的泥石流监测预警方法

　　泥石流的形成是流域内水土物质在不同时间和地貌单元尺度上的耦合结果，表现为流域地貌演化过程中的快速物质输移。降雨过程，一方面改变岩土体结构，弱化土颗粒链接性能和强度，导致土体灾变，产生形成泥石流的物质基础；另一方面形成坡面漫流和沟道径流，产生和加剧侵蚀过程。只有当固体物质和水分在时间和空间上达到合适的耦合条件时，才会形成泥石流。这种耦合过程包括坡面和沟道之间的物质输送和接纳，支沟和主沟之间的水土物质联通和交汇等过程。因而，关君蔚始终认为泥石流监测预警需要从水和土两个方面开展，仅仅依靠降雨指标的预警有一定的

局限性，从而倾心研发土体水分传感器这一泥石流监测预警关键仪器，发展水土双参数预警方法和技术。

（一）水土耦合预警方法

关君蔚强调，在泥石流动态监测预警中，形成泥石流的固体物质量是主要因素，降雨及其沟道径流是触发因素，这两个因素是泥石流监测预警的基础。前期充分降雨后再遇暴雨，常是诱发重力侵蚀和泥石流的重要因素；但是泥石流的形成是以固体物质超饱和为条件的，如果没有充分供应的固体物质，不足以形成固体组分多、密度大的泥石流，只能发育成山洪。更进一步，富含固体物质和宾汉流体状态泥石流的形成，固然需要大量固体物质的供应。所以，土体的超饱和状态可作为泥石流预报的主要依据。

只要在一个流域测定降雨、土体分层水分、地表径流的产生和停止，就能进行该流域的水量平衡的动态分析。为了使基于水土耦合的泥石流预警方法切实可行，他采用泥石流容重为1.60g/cm^3作为分析的依据，根据流域中各流量监测点对水量的动态测定，随时按式（2-8）计算出相应的形成泥石流的固体物质的需要量：

$$\gamma_d = \gamma x + \gamma_s (1-x) \tag{2-8}$$

式中：γ_d —— 泥石流容重，单位为g/cm^3（取值1.60）；

　　　γ —— 水的密度，单位为g/cm^3；

　　　γ_s —— 固体物质的密度，单位为g/cm^3（取值2.60）；

　　　x —— 泥石流中水占容积比；

　　　$(1-x)$ —— 泥石流中固体物质占容积比。

以通过计算所得的主支沟能供应最大固体物质为基础，利用动态监测的径流量数据，可确定作为泥石流的水土物质量，从而作为泥石流预报预警的基础。此外，对泥石流的容重取下限数据，而对固体径流物质的供应量则取最大值，导致泥石流预报中包括一部分接近饱和状态的高含沙山洪。

（二）基于水土耦合的泥石流动态预警

由于泥石流的形成，是重力侵蚀土体和水分在时间上和空间上达到合适的耦合条件时才形成。这种耦合条件是非常复杂，是当前在流域尺度上研究水土耦合过程与机理的难点，也是未来泥石流机理和汇流过程的重要方面。关君蔚以降雨过程、流量和径流系数的连续测定作为泥石流动态预警的基础数据，编制了泥石流动态预测及其预报监测配置理论框架

（图2-12）。他在流域内布设雨量计、测流断面、土压、水动压力、分层土体含水量和摄像跟踪动态过程等监测仪器，根据r_1、r_2、r_3、r_4 4个点的降雨过程和Q_1、Q_2、Q_3、Q_4、Q_5、Q_6 6个点的流量变化过程，来分析水土耦合的特性，从而判断泥石流是否发生，进行预报和预警。

从降雨开始到重力侵蚀和泥石流发生前，$r_1 \sim r_4$的增减与$Q_1 \sim Q_6$的增减密切相关。r_1正常，Q_1相应配合，Q_2突然减少则意味着0～10支沟已发生重力侵蚀或泥石流。r_1正常，Q_1、Q_2相应配合，Q_3突然减少，则证实0～9和0～10支沟新老泥石流正在混同发生。

r_1、r_2、r_3、r_4有规律地继续增加，Q_3波动，Q_4受扰动，Q_5突然减少，Q_6相继减少；则表明沟内正按最不利状况出现起动过程，即按4、3、2、1的顺序酿成烈度强大的泥石流。

由上可见，泥石流流域内系统的动态监测是泥石流预报预警的基本条件，而降雨、流量和径流系数的连续观测和水土耦合定量分析则是泥石流预测预报预警的基础数据。

关君蔚同时指出，预测预报预警的判断也常有不足，如随$r_1 \sim r_4$的正常继续和增加，$Q_1 \sim Q_5$也有规律地相应变化，而Q_6突然减少或异常波动，

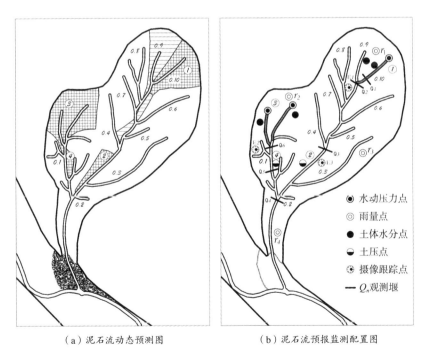

（a）泥石流动态预测图　　　　（b）泥石流预报监测配置图

图2-12　泥石流动态预测及其预报监测配置框架

这也可能意味着预测判断为安全的0~3支沟暴发了泥石流阻塞主沟所致。因而，泥石流的预报预警工作还必须进一步深化。

（三）研发水分传感器突破泥石流监测预警的瓶颈

为了准确监测土体水分动态变化，实现双指标预报预警，提高泥石流预报预警的水平，他倾注了非常大的精力研发土壤水分传感器。他发现一般的土壤水分传感器在土体水分接近饱和状态的测量精度不高，难以反映近饱和状态土壤水分的变化，而对泥石流形成来说，近饱和状态则是土体强度急剧变化、灾变演化的临界状态，也是泥石流预报和预警最为关键的参数。而现有的土壤水分传感器恰恰不能满足泥石流预警的需求，当时市面上没有可以灵敏反映、准确测量土体水分近饱和状态的水分传感器，成为泥石流物源监测的瓶颈。经过潜心研究和无数次的实验，通过验证和校准，关君蔚于1980年成功研制了电容式水分传感器，能够在超过重力水含量之后准确测定土体含水量变化，增大了传感器的量程，解决了土体近饱和状态下水分精确测量的卡脖子问题。取得成功后，关君蔚又考虑到电容式水分传感器在冻结条件下使用的局限性，为了排解土体冻结和解冻对含水量干扰，在原来电容式传感器基础上，又研发了电阻式土体含水量监测装置，提高了精度、拓展了适用范围。

土壤水分传感器的研制成功，突破了用于泥石流监测预警中土体水分动态变化测量的瓶颈，实现了把降雨指标与土体水分指标结合起来进行泥石流监测预警的目标，弥补了用降雨单一指标预测泥石流的局限，形成了基于泥石流形成与运动规律的泥石流双指标预报预警的新方法和监测预警技术。

关君蔚早些年基于泥石流原型系统观测认识的泥石流形成过程，提出基于水土耦合作用的泥石流监测预警方法和技术，为我国后续基于泥石流形成机理的监测预警研究奠定了基础。很多学者基于降水入渗作用下坡面土体稳定性变化和流域尺度上的水土融合，开展了泥石流监测预警预报工作，在泥石流减灾特别是减少人员伤亡方面发挥了重要作用。关君蔚提出的以泥石流作为水土混合物这一特性，通过实时计算流域内失稳土体与地表径流的融合形成的水土混合物的容重，为评估流域尺度上发生泥石流概率大小，真实反映流域尺度上的泥石流形成过程指明了方向，为流域泥石流易发性和危险性评价奠定了理论基础。

第五节

泥石流综合治理模式

一、减灾、生态、经济效益同步实现的灾害防治理念

关君蔚认为，在我国防治泥石流需要结合中国国情，将工程措施、生态措施和社会管理措施相结合，将近期工程治理和远期保护措施有机搭配起来，实现山区群众脱贫致富奔小康，生态景观维护，行政单元内经济结构、生活与经营方式结构调整等多方面的紧密结合，再配套一定的社会管理措施，保障泥石流综合防治体系的实施和长期发挥效益。从而提出了适合中国国情的，把减灾、灾区民生和生态建设相结合的山区减灾模式（图2-13）。

（一）小流域防灾减灾策略

小流域防灾减灾要根据山洪泥石流形成过程和运动规律开展。其中，中上游为生态环境治理区，下游堆积扇是人类社会经济活动集中的主要灾

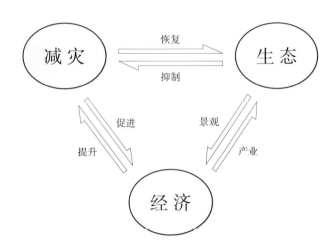

图 2-13 山区减灾与生态景观恢复、经济发展相辅相成

害治理区。泥石流形成区是防治泥石流的关键部位，是实施主动治理和硬性防治措施的集中区域，宜从改变局部地貌，增加上游植被和调节流域水文条件汇流过程入手，通过减弱水动力要素，抑制泥石流形成。在泥石流形成过程中，采取工程措施减弱或抑制水土融合过程，削减泥石流起动量与活动规模。在泥石流流通区，主要调控泥石流运动过程，采取措施尽可能促使水土分离，减弱已发生泥石流运动强度，尽量减小流速和流量，降低流体密度，促使其往高含沙水流发展。堆积区是减轻泥石流灾害损失的重点，是部署被动防护措施、采取软性防治措施的主要区域。

（二）生态景观结构布局

泥石流形成区以上汇水区为水源涵养区，主要采取以植被抚育为主的措施，适当营造水源涵养林。泥石流形成区山坡坡度较陡的坡面汇水区为水土保持区，其主要目的是防治土壤侵蚀；在主沟及主要支沟的沟床及两侧沟坡，选择一些耐水湿、耐冲、根系发达的树种造林，并与防冲工程相结合，以防止冲刷；流域内适宜农牧和果树的区域则发展经济，维持生产经营，既要保持经济持续发展，又要防治水土流失，可配合农田基本建设和农田水利工程的实施，配置相应的生物措施；在流域中下游坡度较缓区与工程排导措施相结合，进行滩地防护、改良和开发利用，生态工程措施既有护滩护堤的功用，又有开发荒滩发展经济的功能。通过生态和景观措施，在发挥减灾功能的同时，发展农（牧）业生产，进而调动百姓参与泥石流治理、保护林业工程和维护山区生态平衡的积极性。

（三）社区经济结构调整

经济结构调整是在灾害防控策略和生态措施治理泥石流前提下，通过一定的社会管理措施，保障泥石流防治体系的实施和长期发挥效益。可通过控制农业人口基数，适当调整当地生活与经营方式；调整农牧产业方向，以农牧民为主的经济结构转向森林保护、经果林、药材，开发旅游服务业；同时发挥民族文化特色，开辟新的就业门路。通过社区经济结构调整，减轻单一经济结构对流域内坡耕地的过度依赖而导致的侵蚀加剧或者毁林开荒造成的植被破坏，使得流域内山洪泥石流形成条件得到改善，减少灾害的易发程度、发灾频度和规模，从而提高当地村民的经济收入，增强他们抗灾的韧性。

二、泥石流综合治理模式与实践

泥石流综合治理就是对泥石流流域进行全面整治，以逐步控制泥石流的发生和发展，尽量减小它的危害。其中包括以控制水土流失为主的水土保持措施，以控制沟床强烈下蚀而导致谷坡崩塌、滑坡发展的拦沙措施，以及以控制泥石流或洪水漫流成灾为主的导流、排泄和停淤措施。泥石流综合防治融工程措施和生物措施于一体，对不利的自然因素和人类活动的不合理因素进行全面有效的控制和改变，使泥石流的活动与危害逐步消失。

（一）田寺沟综合治理模式

关君蔚于1951年开始，对田寺沟泥石流灾害进行综合治理。他对泥石流防治工程的设计要求是：在120mm/h的暴雨条件下保证田寺村村民生命和财产的安全。田寺沟泥石流治理以小流域为基本单元，规划采取了"因害设防，因地制宜，宜林则林，宜农则农，宜救则救"的生物措施方案和"谷坊+导流堤"工程措施方案（图2-14）。在山洪调节区，采用了生物工程措施，采取封山育林和植树造林相结合的方法，当年完成封山工作。1952年开始营造果树和水土保持林；1958年，在北京市绿化指挥部的支持

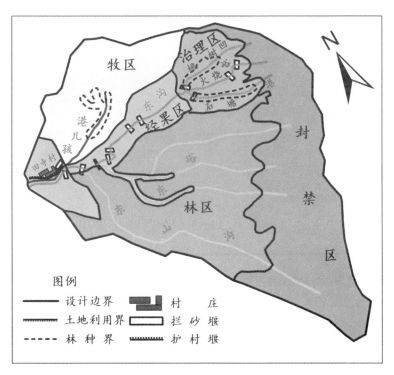

图 2-14　田寺沟泥石流防治措施布局示意图

下，当地进行了大面积造林；到1962年，林地占流域面积的90%以上。在泥石流形成区，流域上游的支沟火烧峪、石堂沟、桃树洼布置了4座谷坊稳沟固坡，防止泥石流起动；在泥石流流通段，主沟布置8座谷坊，固定沟床，拦截泥沙，削减泥石流的动能和流速，防止泥石流对沟床的侵蚀；在下游堆积区，设置了250m导流堤，以保护田寺村安全。

（二）田寺沟治理综合效益

田寺沟是新中国成立后治理的第一条泥石流沟，受当时我国工业技术和经济条件所限，泥石流工程的设计和防治采用因地制宜、就地取材的办法，由国家补助粮食，当地群众投工投劳完成。田寺沟泥石流综合治理不仅充分发挥了当地老百姓的积极性，还提高了当地的生产、生活和经济水平。

田寺沟泥石流综合治理工程实施后，当地经济条件大大改善，取得了很好的经济效益。据关君蔚详细记录：1958—1962年，当地粮食平均产量为15.3万斤[1]，为1950年以前（即石洪发生前）平均产量10万斤的153%，为受灾后1950年4.5万斤的340%。以1951年为基础，大牲畜为原有的223.5%，羊为原有的360.3%，猪为原有的146.9%；核桃年产2万斤，杏核15万斤；新栽的苹果，1960年开始结果600斤，1961年1500斤，1962年2000斤；1959—1960年由于灾情较重，曾由封山育林地区内砍出檩木15万斤，1962年结合改造和抚育，产出用作檩条、椽材的落叶松人工林，不仅提高了社员当年收入，而且支援了西沟引水工程，实现了村前梯田水利化。

在几十年的泥石流防治实践中，关君蔚提出和总结的综合防治模式被中国泥石流科技人员不断发展充实，逐步形成和发展了岩土工程措施与生态工程措施相结合、上下游统筹考虑、沟坡兼治的泥石流综合治理技术体系。这种泥石流综合治理的模式和实践，正在我国山地泥石流多发区落地生根、普遍使用，取得除害兴利的巨大效益。例如，关君蔚曾经调查过的老干沟，通过1991—1997年连续7年治理，投资约12万元，共修建拦沙坝2座、排导沟980个、谷坊8座、潜坝4道、截流沟60m；山坡整治采用了植树造林措施，共计182hm²。目前，导致泥石流的滑坡体相对稳定，固体物质补给量大为减少，估计由原来年补给量15万m³，降为5万m³；雨季期间，沟道只出现挟沙洪水，公路畅通，减灾效益明显，流域内的生态环境得到改善。

1　1斤=500g，下同。

三、以工代赈灾害防治实施策略的探索

关君蔚深得老百姓的爱戴，治理泥石流时，和老乡们同吃同住。每天浸润在老百姓的真情中，他久怀报国的心愈发炽热。他说："老区人民是我最崇敬的。他们久经磨砺，不但能在条件恶劣的边区生活，甚至用生命支援了革命。没有他们，就没有中国的今天，更没有我关君蔚的今天！"

1951年，从清水河考察归来后，关君蔚意识到，在中国，不能一味地效仿奥地利、日本等国家单纯地治理泥石流而不考虑人民生活和生产建设等因素。灾害治理工作，既要预测、防止泥石流发生保护群众生命财产安全；又要调动当地群众的积极性，让群众参与到灾害治理过程中，在减灾中体现他们的心愿，向群众"取经"；还要注意发展生产，改善群众生活。在国家经济基础非常薄弱，难以支持大量造价较高、成本很大的灾害治理工程，这就需要一种新的机制破解经费紧缺远远不能满足大量需要高投入的灾害治理的困局。关君蔚通过田寺沟的泥石流治理，探索出"以工代赈"的机制，有效解决了资金紧缺与灾害治理急迫性的矛盾，把减灾工作和人民融为一体，以较小的投入完成灾害治理这一需要高投入的工程建设，体现出人民战争的无穷力量，为国家分忧，为人民造福。

关君蔚利用上级提供的10万斤小米，积极发动群众，搭灶台、烧洋灰，向老乡学习防治泥石流的土方子。1951年开始，结合山区生产发展，进行了封山育林、造林，修了11座仅2m高的石灰浆砌拦砂堰和2道石灰浆砌护村堤。为了改善当地生产生活水平，在田寺东沟上游播种了核桃楸。在田寺沟石洪治理中，国家辅助投资仅用1.4万元，折1.671元/km²，16.7元/hm²，1.12元/亩[1]，取得了防治灾害、发展生产和改善生态的综合且显著的成效。

关君蔚这种"以工代赈"的灾害防治实施机制，为我国脆弱生态山区生态修复、防火减灾、经济发展提供了思路，为破解山区人与自然的恶性循环问题指明了方向，为我国贫困山区水土保持、防灾减灾、绿色发展协同的山区发展模式提供了借鉴。在四川省凉山彝族自治州喜德县热水河，我国科学家们开展了"绿色减灾"小流域减灾与绿色发展协同示范研究，试图增强防灾能力，构建人与自然新秩序，为山区发展探路。

---

1 1亩=1/15hm²，下同。

第六节

泥石流研究学术思想的科学价值与现实意义

关君蔚具有浓厚的家国情怀，胸怀国家建设和水土保持事业，心中装着"老、少、边、穷"水土流失地区人民的疾苦，勇于担当，开拓创新，一生耕耘，创建水土保持学科，奠基泥石流科学研究。他始终坚持理论与实践紧密结合，走遍了祖国的大江南北，爬过了水土流失严重区的沟沟坎坎，深入田间地头和农家小院，获取大量第一手资料，提炼科学认知，提出科学理论，研发方法技术，解决实际问题。从关君蔚早在1978年获得全国科学大会奖（泥石流预测预报及其综合治理的研究）的泥石流研究与防治研究就可体会到，从方法到科学思想再到减灾实践，关君蔚的科学历程和科学贡献体现出一位科学大师鲜明的前瞻性、思想性、创新性、坚韧性和实践性，他的很多思想理论和技术方法在今天，仍然指引着学科的发展方向并滋润着学科不断发展壮大深化，是新时代生态文明建设和山水林田湖草沙生命共同体高质量协同发展的科技支撑。

一、全创新价值链贯通式的科学研究方法

关君蔚认为，泥石流研究就是要解决减灾防灾的实际问题，而要科学减灾则必须深入认识泥石流形成、运动、成灾的基本规律。他系统研究了泥石流形成机理、运动规律、灾害防治技术和减灾工程实施机制。从泥石流形成条件入手，首先提出坡面重力侵蚀补给强度的确定方法，建立了原生泥石流和次生泥石流预测方法；通过野外观测，认识了泥石流形成、运动、成灾过程，成为这一研究领域科学研究和灾害治理的理论基础；亲手研制了用于泥石流监测预警的水分传感器，提出将降雨和土体水分指标结合起来的泥石流预测方法和基于水土耦合机理的泥石流预警方法；他在新中国成立之初创建的"以工代赈"机制，使得在经济基础非常薄弱的情况下，高成本的泥石流灾害防治工程得以克服资金困难而成功实施，成为后来国家相当长一段时期灾害治理的基本策略。关君蔚这种将泥石流"理论

研究，减灾技术，实施策略"创新全价值链贯通式的科学研究方法，至今依然是我国自然灾害研究的指导思想。

二、从地球系统科学思想认识泥石流发育

关君蔚在研究泥石流形成和发育过程时，注重地质内营力和地貌外营力的相互作用，从流域系统多要素相互作用分析出发，聚焦流域系统表层以水文过程为主线的坡面与沟道强烈侵蚀作用与过程，从松散固体物质的形成与汇聚，到降水入渗及其对松散固体物质强度影响及其导致的灾变，再到坡面水土物质在沟道中的汇集和沟道径流冲刷形成泥石流的过程，分析这些物质在流域内坡面和沟道、主沟和支沟、上游和下游等不同尺度空间位置的时空关联关系，论述泥石流形成过程和机理，并将其作为泥石流预测与灾害防治的理论基础。这实际上就是流域内多要素、多过程时空耦连的系统分析，具有地球系统科学的思想。关君蔚研究泥石流形成，特别关注植物能涉及的范围，如从地上植被到地下根系的范围，集中研究这一范围内的水土过程、能量转化与传递、物性变化与侵蚀输移及其导致的灾害性运动的后果。关君蔚研究泥石流时关注的是岩石圈、土壤圈、生物圈和水圈，加上人类活动，这和目前地球科学关注的圈层相互作用和地球关键带研究相契合。

三、注重植被措施与生态功能

关君蔚认为，泥石流形成的物质基础是固体松散物质和水，主要的激发因素是降雨的外部营力，主要过程是流域系统的水文过程。但是，土体的产生和水文过程均受到植被的调节，植被通过调节流域内的水土产生与运移过程，对泥石流形成、起动、运动都起到较大的调节作用。因此，他在研究泥石流形成时，非常注重流域内的植被状态，深入分析了植被在流域不同部位对泥石流形成过程中侵蚀作用提供的土体和水文作用对径流的影响，依据流域植被覆被判断泥石流的发育程度，把植被作为泥石流预测的重要依据。在泥石流治理时，注重植被措施固土调水生态功能的作用，早在1951年田寺沟泥石流治理中，对流域内的植被恢复和造林进行了系统规划，把森林植被固土调水功能和谷坊坝、导流堤等岩土工程措施相结合，充分发挥了植被措施的防灾减灾作用，实现了泥石流的有效治理。关君蔚晚年撰写的《生态系统控制工程》一书，集中体现了从东方思维对生态系统及其调控减灾功能的深刻认识和系统理论升华。截至目前，植物生

态措施与岩土工程措施相结合，仍然是泥石流治理的发展方向，《生态系统控制工程》则为生态建设提供了理论基础。特别在目前生态文明建设中，更加关注植物措施的使用，未来泥石流治理工程中将进一步加强植物措施，这就需要不断深化植物措施的防灾减灾作用机理研究，科学定量评价植物措施减灾功能，制定不同类型灾害防治工程植物措施的设计技术规范。

四、考虑农民生计的灾害综合治理模式

关君蔚在大量的泥石流考察中发现因灾致贫、因灾返贫的现象，非常痛心，面对受灾群众他感到巨大的责任，不仅要确保人民的生命、财产和生产资料安全，还要解决受灾群众恢复生产和吃饭、用钱问题。面对在满目疮痍的灾害废墟上既要保平安、又要促生产的难题，他提出了山区减灾与生态景观恢复、经济发展相辅相成的模式，这个模式包括注重源头减灾、植物生态措施与岩土工程结合、灾害防治与农牧业结合、特色产业发展与经济结构调整，"以工代赈"工程实施机制等。这一模式符合我国山区灾害量大面广、暴发频繁、危害严重、受灾人口多的国情，也呼应了广大受灾民众对安居乐业的急切需求。

新中国成立之初，关君蔚在田寺沟的泥石流灾害综合治理工程取得显著的社会减灾、经济发展和生态保育效益，成为这一模式的示范样板，得到田寺村百姓的高度赞扬，他本人也得到村民长期的爱戴。关君蔚关心农民生计，提出的山区减灾、生态景观恢复、经济发展相结合的灾害综合治理模式，至今还是值得大力推广的减灾技术。这一模式同样符合山水林田湖草沙生命共同体协同发展的科技需求，在山区脱贫攻坚中发挥了巨大作用，亦会在多灾山区的乡村振兴中继续发挥重要作用。

关君蔚一生致力于我国的水土保持与防灾减灾事业，生态环境从荒山恶水到青山绿水、从灾害肆虐到安居乐业的转变，一直是关君蔚的追求。他始终坚持把科学研究与生产实践紧密结合，从实践中来，到实践中去，把精彩的论文写在祖国大地上。从国家荒山绿化、防护林体系建设、水土保持、防沙治沙、泥石流防治，到西部大开发、乡村振兴、山水林田湖草沙系统治理，在我国水土保持事业发展与生态文明建设的每一项重大工程和关键节点，都镌刻着他的科研成果、睿智思想和责任担当。几十年来，国家水土保持和山洪泥石流治理取得巨大成就，在穷山恶水到绿水青山再到金山银山的山河巨变过程中，深深印烙着关君蔚奋斗的足迹，也映射出一位饱含激情的科技青年到高山仰止的科学大师的成长之路。

参考文献

崔鹏, 邓宏艳, 王成华. 山地灾害[M]. 北京: 科学出版社, 2018.

崔鹏, 关君蔚. 泥石流起动的突变学特征[J]. 自然灾害学报, 1993, 2(1): 53-61.

崔鹏, 林勇明. 植物与岩土措施相结合的泥石流治理工程[J]. 资源与生态学报(英文版), 2013, 4(2): 97-104.

崔鹏, 柳素清, 唐邦兴, 等. 风景区泥石流研究与防治[M]. 北京: 科学出版社, 2005.

崔鹏, 杨坤, 陈杰. 前期降雨对泥石流形成的贡献: 以蒋家沟泥石流形成为例[J]. 中国水土保持科学, 2003, 1(1): 11-15.

崔鹏. 九寨沟泥石流预测[J]. 山地学报, 1991, 9(2): 88-92.

崔鹏. 泥石流起动条件及机理的实验研究[J]. 科学通报, 1991, 36(21): 1650-1652.

崔鹏. 我国泥石流防治进展[J]. 中国水土保持科学, 2009, 7(5): 7-13.

崔鹏. 长江上游山地灾害与水土流失地图集[M]. 北京: 科学出版社, 2014.

关君蔚, 李时荣. 滇东北小江泥石流调查报告[R]. 北京林业大学科研成果汇编, 1975: 13-18.

关君蔚, 王礼先, 孙立达, 等. 泥石流预报的研究[J]. 北京林学院学报, 1984 (2): 1-16.

关君蔚. 石洪的运动规律及其防治途径的研究[J]. 北京林学院学报, 1979: 9-29.

胡凯衡, 马超. 泥石流启动临界土体含水量及其预警应用[J]. 地球科学与环境学报, 2014, 36(2): 73-80.

康志成, 李焯芬, 马蔼乃, 等. 中国泥石流研究[M]. 北京: 科学出版社, 2004.

王礼先. 山洪及泥石流灾害预报[M]. 北京: 中国林业出版社, 2001.

韦方强, 高克昌, 江玉红, 等. 泥石流预报的原理与方法[M]. 北京: 科学出版社, 2015.

张少杰, 江玉红, 杨红娟, 等. 基于水文过程的泥石流预报中前期有效降水量的确定方法[J]. 水科学进展, 2015, 26(1): 34-43.

中国科学院水利部成都山地灾害与环境研究所. 中国泥石流[M]. 北京: 商务印书馆, 2000.

钟敦伦, 谢洪, 程尊兰. 低山丘陵区(岫岩满族自治县)山地灾害综合防治研究[M]. 成都: 四川科学技术出版社, 1993.

钟敦伦, 谢洪, 韦方强. 长江上游泥石流综合危险度区划[M]. 上海: 上海科学技术出版社, 2010.

钟敦伦, 谢洪. 泥石流灾害及防治技术[M]. 成都: 四川科学技术山版社, 2014.

钟敦伦. 北京山区泥石流[M]. 北京: 商务印书馆, 2004.

第三章

防护林体系学术思想

自工业革命以来，破坏性开采森林资源、过度放牧和开垦等人类活动，导致全球范围水土流失、土地生产力下降等生态环境问题频繁发生。随着人口激增，人类对全球资源进行掠夺性开采，防护林的重要作用日渐受到广泛重视。如苏联实施斯大林改造大自然计划，美国实施"大草原各州林业工程"，日本实施治山治水工程，北非的摩洛哥、阿尔及利亚、突尼斯、利比亚和埃及联合实施"绿色坝工程"，其他包括加拿大绿色计划、法国生态林业工程等。20世纪50年代初，我国首先开始大规模营造各种类型防护林。改革开放以后，我国开始科学的防护林体系建设，进行十大林业重点工程建设，并在此基础上，整合为当今的六大林业重点工程。

关君蔚长期致力于防护林研究，自新中国成立初期，他就在北方土石山地综合调查坡度、土壤、位置、水分条件、坡向、海拔等因子，对立地类型进行划分，并对农林牧区的农业、果树、畜牧、林业的建设和发展提出意见和建议。通过对甘肃黄土丘陵地区进行调查，根据梁峁顶部、梯田地坎、黄土丘陵沟壑区斜坡、侵蚀沟、河滩岸边、山地渠道分布的主要树种，配置了不同水土保持林林种，满足用材林、速生用材林、特用经济林、燃料林的需要。关君蔚提出的"适地适树，因地制宜"的营造林理论，至今仍是困难立地条件下造林的基本原则。

早在三北防护林工程初期，关君蔚作为技术顾问，开展了我国防护林的林种和体系研究，首次提出了"多林种、多树种、多效益相结合"的防护林营造理论，成为我国防护林体系建设的理论基础，对全国生态林业工程建设产生了深远的影响。根据《中华人民共和国森林法》，我国森林划分为防护林、用材林、经济林、薪炭林和特用林5个一级林种。防护林林种包括水土保持、农田防护林、水源保护林、草原牧场防护林、防风固沙林、河岸河滩防护林、沿海防护林、工矿区防护林、道路防护林等，这些林种多由关君蔚提出。

在营造林方面，关君蔚多次提出在干旱、半干旱地区应重视对灌木树种和灌木林的使用，合理考虑乔、灌、草的搭配。考虑绿洲水分条件受限，他对绿洲区大面积营造速生丰产用材林持审慎态度。另外，对于绿洲防护林网建设和更新，他提出要解决单一树种造成的天牛泛滥问题，合理营造针阔混交林和乔灌混交林。2018年，三北工程建设四十周年，有关专家在总结三北工程建设经验时，对乔灌草作用、林分结构等方面的见解，与关君蔚观点完全一致，充分证明了关君蔚在防护林体系建设方面的前瞻性。

关君蔚在多年研究的基础上，对森林的防护功能进行了系统描述。他在讲授"森林改良土壤"课程时，提到"森林本身需用的营养物质少而归还给土壤的多"这个基本规律。他指出森林对地面径流和下渗水分的影响很突出，他多次强调水源地区的森林涵养水源的机理和作用。关君蔚还指出，防护林对于小气候的调节作用，总结了防护林的增湿和降温作用。此外，他在考察大兴安岭火灾形成的火烧迹地时，提到火烧严重地段，森林完全被破坏，容易导致水土流失发生。在防护林体系建设中，关君蔚不只考虑其防护作用，还充分考虑山区的经济发展问题，通过建设防护林经济树种带动区域经济发展。

关君蔚不唯书、不唯上、只唯实。在20世纪70年代，他就开始对长江流域的水土流失状况开展调查，他指出"长江存在的问题比黄河严重"。面对长江水土流失状况，他焦虑地指出"一江毒水向东流，生态条件的被毁而引起水土流失、干旱、洪水、环境污染等生态性灾难"，并积极推动长江中上游防护林体系建设实施。此外，针对我国西北干旱地区风沙危害及沙尘暴多发的问题，关君蔚提出加强林草建设、完善防护体系，是减轻和预防沙尘暴灾害的有效措施。

在关君蔚后期撰写的《生态控制系统工程》一书中，他提到防护林体系建设也是一项系统工程，是遵循"各尽所能"和"各取所需"的原则，与"适地适树，因地制宜"理论相统一的。在基础科学上，他指出依靠1969年苏联莫斯科大学黑梅叶尔教授和他的学生H.莫伊谢耶夫的"旅客同船"，也可表达为"同舟共济"的数学模型公式。在整个防护林体系中，不同林种功能相互补充，不同树种针对不同的立地条件合理搭配，可以实现对于光照、水分、养分合理需求的满足。在整个防护林体系中，不同的林种之间，不同的树种之间，不管是互补关系，还是竞争关系，最后都体现在共同土地单元内的"同舟共济"。如果从林种放大到整个生态系统，生物与环境之间的关系，林木植被与土壤、气候等之间的关系，同样符合"同舟共济"理论。"皮之不存，毛将焉附"或"毛不附焉，皮将不存"，生物与环境之间属于典型的"皮与毛"的关系。关君蔚提到的"同舟共济"理论与习近平总书记近年来多次提到的"大船论"一脉相承，在生态领域、经济社会、国际关系上，均有着重要的指导意义。

防护林体系理论是水土保持科学理论的重要组成部分，水土保持是一门什么样的科学呢？水土保持学科博士学位点论证时，关君蔚提出："我国现阶段，水土保持学是研究水土流失发生原因及其运动规律，据此组织和运用以防护林体系为根本的综合措施；目的在于合理利用土地，保持水土，恢复并提高土地生产力，保障农业稳产、高产，改善气候水文条件，维护并控制生态系统的进程向有利于人类生产和生活方向发展的一门应用自然科学。"综合措施可以概括地归纳为生物措施和工程措施，各项措施同等重要，不能互相代替，但是为了挽回生态灾难、维护和控制生态系统的平衡，以涵养水源、保持水土为主要功能的防护林体系建设是起到根本作用的措施。

针对水土保持学科发展，关君蔚在晚年多次提出要推动包括人类在内的生物整体大变革的"生态系统革命"。对防护林建设而言，从原来的"山水林田湖"统一规划到目前全国范围内推动的打造"山水林田湖草沙"生命共同体，与关君蔚的"生态系统革命"思想高度契合。关君蔚的"生态系统革命"也符合目前推动的生态文明建设和"五位一体"总体布局。

关君蔚始终坚持理论与实践紧密结合，走遍了祖国的大江南北，爬过了水土流失严重区的沟沟坎坎，深入田间地头和农家小院，获取了大量第一手资料。从黄土高原水土流失治理到长江流域水土保持重点治理工程，从三北防护林体系建设到沿海及长江上游防护林体系建设，从干旱地区治沙到山水林田路小流域综合治理，他都亲临一线开展研究，提炼科学认知，总结科学理论，研发科学技术，解决实际问题。关君蔚卓越的工作成绩也得到了党和政府的高度肯定，他曾荣获首届国家林业科技重奖（图3-1）。关君蔚严谨治学的科学态度将始终激励着每一位后来人，其防护林体系思想定将得到更多的丰富和发展。

图 3-1 时任中央政治局委员、国务院副总理回良玉为关君蔚（右）颁发首届国家林业科技重奖
（北京林业大学水土保持学院 供图）

第一节

防护林分类思想

一、防护林的基本内涵

防护林作为我国五大林种之一，在修复生态环境、改善人类生产生活条件等方面具有巨大的作用。防护林实践和科学研究的发展与社会经济发展进程、人类对环境危机和森林生态经济效益的认识程度，以及相关学科的发展水平等息息相关。在100多年防护林的实践和研究发展历程中，我国逐步形成了具有自身特色的防护林及其分类体系。

（一）水土保持林概念的提出

自20世纪60年代，关君蔚开展了一系列黄土高原地区防护林体系的研究，可称为我国防护林体系概念的初期阶段。在理论研究和实践中，均以水土保持林体系为主体。1962年，关君蔚在黄河流域水土保持科学研究工作会议上的发言中，解释了水土保持林："水土保持林，要求有一定树种组成和一定结构，即成片状、带状或条状的形式配置在水土流失地区的水路网或侵触沟系统各地段上。""所有这些不同的林种构成一个系统，方能从根本上防止水土流失的发生。我们称这个系统为水土保持林体系。"他认为，具有各自特点的水土保持林的各个林种，不是彼此孤立无关的，在水土保持综合措施中，各林种之间也具有相互依存、相互制约的密切关系。水土保持林体系由不同林种组成，主要取决十地貌条件和土地利用状况。经过大量的研究和实践，黄土区按流域、地形地貌部位，从梁峁顶（或塬边）到沟底的水土保持林体系已建立得相对完善。

关君蔚还指出了水土保持林营造需注意的问题：一是适地适树问题，二是造林技术问题，三是不同类型区水土保持林林种、配置及占地面积问题，四是水土保持林效益问题。这些研究和实践也为后续防护林体系的提出奠定了坚实的前期基础。

（二）防护林概念及内涵

20世纪70年代后期，我国防护林体系理论在实践和认识上有了更广泛、更深入的认识，但是，其概念仍不明确。直到1979年，关君蔚系统总结新中国成立30年以来西北、华北和东北地区防护林营造经验，提出了防护林体系的基本林种，并定义其防护作用。在此基础上，关君蔚依靠丰富的防护林研究实践经验，提出了防护林体系的概念（图3-2）。他提出的防护林体系综合完整地表达了我国当时防护林体系的结构、类型、林种配置和林种功能。他认为，防护林体系的实质是在一定区域内，因地制宜、因害设防，将防护林各林种组成有机的整体。

20世纪80年代后期，防护林及其体系的建设和实践，使得防护林体系的内涵和外延进一步拓展和丰富。1986—1987年，在撰写和讨论《中国大百科全书》和《中国农业百科全书》有关防护林条目过程中，全国有关专家和学者曾对防护林概念进行过广泛而热烈的讨论，最后取得了一致的看法。大家认为，防护林学是从造林学中派生出来的一门应用科学。它不同于经济林、用材林、薪炭林和其他林种，无论在树种选择、混交方式和配置上，或者在造林技术上，防护林都具有其明显的特点和特殊的造林与经营目的。《中国农业百科全书》将防护林最终定义为：以改善生态环境、

图3-2　20世纪60—70年代，关君蔚讲解防护林体系（北京林业大学水土保持学院 供图）

涵养水源、保持水土、防风固沙、调节气候及发挥其他防护功能为目的而营造和经营的森林。根据防护目的不同，可分为水源涵养林、水土保持林、防风固沙林、农田防护林、牧场防护林、海岸防护林等不同林种。在水土流失地区造林的目的，不仅在于解决"三料"（燃料、饲料和肥料）和用材问题以及作为多种经营的一项生产事业，而更重要的是它能起到水土保持的作用。

防护林的概念如此表述主要说明其自然属性，如果从生态学和生态经济学的原理来看，防护林的概念不仅包含自然属性的内容，还应包含经济属性的内容。因为营造防护林的目的不仅要获得最佳的生态效益，还要取得最佳的经济效益和社会效益。所以，关于防护林的概念，既要从其自然属性方面加以表述，还应当从其经济属性方面给予阐明，才能完整地说明防护林概念的本质。后期，防护林的概念得到了进一步丰富和完善，即以一定的结构、一定的树种组成和一定的形式配置在遭受不同自然灾害（干旱、风沙、水土流失等）地区的人工林分和现有的天然林分称为防护林。其主要功能在于改善生态环境、涵养水源、保持水土、防风固沙等，为发展农牧业生产开展多种经营创造有利条件，为当地群众的脱贫致富奠定坚实的基础。

二、防护林分类体系

（一）国内外防护林的分类与实践

苏联是最早营造防护林的国家之一。19世纪中叶，苏联防护林研究的先驱者们针对严重影响农业生产的干旱风、土壤侵蚀等问题，于1843年在卡明草原营建了草原农田防护实验林，成立了世界上第一个防护林实验站，成为现代防护林工程的起始。除了人工防护林的营造，苏联将许多天然林划分为防护林，重视森林保护环境和涵养水源的能力。苏联学者提出了把防护林归纳为6类14种，构成一个三级防护林分类系统：一是森林改良土壤林（即防护林）；二是保护对象——土地资源与利用方式而确定的类型；三是林种，其划分的标准除少数是经营的目的（功能）外，其余仍是保护对象的属性。在某个自然景观地带内，依据不同的防护目的和地貌类型而营造的各类人工防护林和现有的天然林，按照总体规划要求将它们有机地结合起来，形成一个完整的森林植物群体，即所谓的"防护林体系"。

美国防护林营造的历史可追溯到19世纪中叶，美国通过的《木材教育法案》，鼓励在所有新建住宅周围种植树木。随后，又在中部平原各州开展建立林业实验基地，以确定本地区最适宜的造林树种。美国防护林建设飞跃发展的转折点是1935—1942年由联邦政府提出的"大平原各州林业计划"（即罗斯福工程），营造林带和片林以保护农田、牧场，防止土地沙漠化。他们还专门营造野生动物防护林和宅院防护林，并在太平洋沿岸、墨西哥湾等地区营造一定面积的海岸防护林、水土保持林和固沙林。

日本的防护林与治山治水、山地绿化和沙防相互交叉。当时的防护林工程建设主要在山中腹地，主要采取植树造林措施。到目前为止，日本根据森林的不同防灾和环境保护作用，结合特殊地理环境和自然灾害特点，以法律形式将防护林划分为17种类型，分别为水源涵养林、水土保持林、塌方防护林、飞沙防护林、防风林、洪水灾害防护林、防潮林、干害防护林、防雪林、防雾林、雪崩防护林、防止落石防护林、防火林、渔业防护林、航标防护林、保健林和风景林。

北非五国（摩洛哥、阿尔及利亚、突尼斯、利比亚、埃及）实施的跨国林业工程——"绿色坝工程"建设，通过造林种草建设了一条横贯北非国家的绿色植物带，以阻止撒哈拉沙漠的进一步扩展和土地沙漠化。此外，阿尔卑斯山区各国、新西兰、澳大利亚、加拿大、英国等许多国家也在防护林的营造和研究方面作了大量工作。

自新中国成立伊始，为改善生产与生活环境，我国在风沙区和水土流失严重区开始大规模营造各种类型防护林。自20世纪70年代末期开始，伴随着改革开放，防护林的营造出现了新的形势，以三北防护林体系建设为龙头，对全国进行了系统的防护林建设规划，标志着我国开始了科学的防护林体系建设阶段。在五大防护林工程的基础上，我国先后批准实施了以减少水土流失、改善生态环境、扩大森林资源为主要目标的十大林业重点工程，包括三北防护林体系建设工程、长江中上游防护林体系建设工程、沿海防护林体系建设工程、平原绿化工程、太行山绿化工程、全国防沙治沙工程、淮河太湖流域综合治理防护林体系工程、珠江流域防护林体系建设工程、辽河流域防护林体系建设工程、黄河中游防护林体系工程。

（二）三北防护林分类体系

在三北防护林建设初期，关君蔚作为技术顾问，在对水土保持林定义及林种分类的基础上，对防护林林种进行了分类。他认为，不同的防护林林种的区别，在于其防护对象不同。各种防护林在林地占有面积、配置位置、林分组成和结构、树种选择和配置以及造林技术上，都有各自显著的特点，于是就形成了不同类型的防护林，称为防护林的林种。根据防护对象和防护作用，划分防护林的林种，如水源涵养林、水土保持林、农田防护林、防风固沙林、海岸防护林、护路林等。

通过多年的防护林理论和实践研究，关君蔚把三北防护林划分为干旱地区防护林、沙区防护林、黄土地区防护林3个区域、16个基本林种。他撰写了《我国防护林的林种和体系》一文，提出了具有中国特色的防护林林种划分方法。

（三）我国防护林分类体系

关君蔚在20世纪70年代，总结提出了我国防护林体系构成图（图3-3）。该体系是1个三级分类体系，在一级防护林体系之下为二级系统，包括风旱防护林、沙地防护林、水土保持林、环境保护林及其他专用林种等，共4个二级专用林种体系，其以下又设22个三级林种。

根据防护对象和防护作用，关君蔚提出采用双命名法，对防护林不同林种命名。对于防护林的作用，他提出了"防护林既是保障农业生产的防护措施，而其本身又是一项重要的林业生产事业"。关君蔚提出防护林体系就是要根据自然条件和发展生产的特点，将各林种有机结合成整体，有利于保障生产，改善环境条件和自然面貌。如果将防护林的林种比喻成

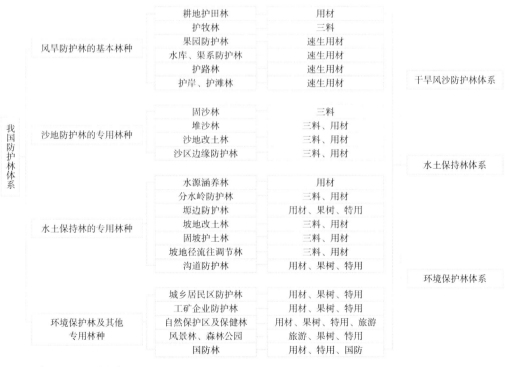

图 3-3 我国防护林体系构成图

"细胞"，那么防护林就是一个"有机体"。关君蔚提出的防护林体系思想，并不是简单的几个林种的混合，而是要成为"生物有机体"。

三、防护林分类的指导思想

（一）立地质量视角

防护林分类主要基于防护对象和防护作用进行划分，由于不同树种、不同林种通常按照不同立地条件进行选择和配置，所以这种防护林分类体系又通常基于立地质量视角进行划分，山区、丘陵区、黄土高原区、干旱风沙区等不同区域的防护林林种组成及其配置结构，与所在区域的土壤、地貌等立地因子密切相关。

关君蔚针对不同林种造林地提出要结合立地条件综合考虑，"良种壮苗"是造林成败的关键和基础，需要综合考虑造什么林、育什么苗，在什么造林地（立地条件）上造林，培育什么样规格的苗木。关君蔚认为："苗木规格首先决定于立地条件"。立地条件越差，要求苗木规格越高。该理念也为我国后期困难地立的防护林造林提供了理论基础，保证了造林的实效。关君蔚提道："良种壮苗适地适树和水土保持按流域综合治理，是世界各国公认的科学基础，所以就科学技术本身，并没有建立什么难深奥妙理论和创造出什么新奇的技术。""可取之处在于，把行之有效的科学技术细致深入地落到实处是取得实效的关键。"

关君蔚在水土流失地区的土地利用规划等相关研究中，提出合理利用土地才是水土保持规划、防护林建设的基础，在黄土地区、土石山区和丘陵地区等选择不同林种，要考虑其地理位置、绝对高程和高差、坡向、坡度、坡位和局部地形等的影响，分析环境条件的差异进行"适地适树"，达到"因地制宜"的目的。

关君蔚强调：在生命、生物，也包括人类在内，和其所在地的环境，具有密切不可分割的关系，从而形成了"一方水土养一方人"的自然规律，追求"因地制宜"的防护林造林思路。

（二）复合系统工程

关君蔚指出，防护林体系并不是简单的几个林种的混合，而是要真正成为有机整体。他认为，各林种之间不是孤立无关的，相反，它们之间存在相互依存、相互制约的密切关系，因此要有计划地营造带、片、网相结合的防护林体系，将各林种有机地组合起来，充分考虑土地的合理利用，进而使得生态效益、社会效益和经济效益得以同步实现。关君蔚采用"山、水、林、田、路、

图3-4　关君蔚（右）与孙立达在宁夏西吉考察（北京林业大学水土保持学院 供图）

渠"进行土地利用规划，将植物措施和工程措施相结合，构建我国防护林总体系，体系搭配合理、组成严密，以防护为主，多功能、多用途地开发了以林业为主的生态系统保护措施。

　　在防护林建设过程中，关君蔚关注到农村"四料"的需求（图3-4）。他强调："我国西北、华北北部和东北西部，风沙危害和水土流失十分严重，木料、燃料、肥料、饲料俱缺，农业生产力低而不稳。大力植树种草，特别是有计划地营造带、片、网相结合的防护林体系，是改变这一地区农牧业生产条件的一项战略措施。"他总结防护林建设与农牧业的关系是：以林促牧，以牧支农，农、林、牧综合发展。他提出发展"生物能源"，选用萌蘖性强、不怕平茬的树种，在农村建设相应面积的燃料林，用嫩枝树叶压青压肥，用柠条、旱柳枝叶喂羊，用羊粪肥地，地产粮食和饲草，走农、林、牧相结合的农业现代化发展之路。对于防护林的作用，他提出了"防护林既是保障农业生产的防护措施，而其本身又是一项重要的林业生产事业"。他提出在南方山区发展木薯、芭蕉、木瓜，北方山区发展板栗、柿子、红枣等木本粮食树种解决"吃饭"问题，发展核桃、油茶等木本油料植物，根据自然条件和发展生产的特点，将有关林种有机结合成一个整体，有利于改善环境，保障生产，提高经济效益。

除此以外，关君蔚还建设性地将生态控制系统工程理论应用于防护林建设中，指出防护林体系也是一项复合系统工程，在生物生产事业内部，农、林、渔、牧之间，生物生产和工业生产以及社会、经济之间，都存在着相互影响、相互促进和相互制约的内在联系。生态控制系统工程理论即通过分析生态系统演化，指出生物的特点就是始终处于运动当中，需要将时间尺度拉长，动态跟踪监测，在运动中协调各方面的关系，最大程度地达到互补共赢的局面。其系统工程理论的思想，进一步将我国防护林体系建设引向了更加科学的方向。

（三）可持续发展理念

自三北防护林工程以后，我国政府先后批准实施了以减少水土流失、改善生态环境、扩大森林资源为主要目标的十大林业重点工程。十大林业重点工程规划区总面积达 $7.06 \times 10^6 km^2$，占国土总面积的 73.5%，覆盖了我国主要水土流失、风蚀沙化和台风、盐碱等生态环境最为脆弱的地区，构成了我国林业生态工程的基本框架。

关君蔚指出，工业技术革命发展到今天，严重地威胁着人类的未来和自然环境。人类要生存下去，社会要持续发展，必须找出符合今后需要的科学和文明所要求的社会秩序，不能靠"佛爷""上帝"或自然的恩赐，要靠自己的力量去争取，科学和技术文明是人类自己建造的，这是时代对人类的要求。他认为，防护林体系建设只是手段，而发展生产，尤其保护是防护地区人民的利益，才是真正的目的。他提出要在风沙灾害严重的土地上，以水定产，林草先行，饲养家畜，农、林、牧同步发展。

近年来，我国以防护林体系建设和防沙治沙工程为中心的绿色革命建设事业得到了蓬勃发展，并且已取得了世界瞩目的成就。从局部上看，生态效益、经济效益和社会效益同步实现，但从总体上来看，治理和发展的速度还不足以抵御退化和破坏的速度，仍处于恶性循环之中。防护林工程要为生态保护和社会发展服务，保护人类赖以生存的地球，既满足当代人及后代人需要，又不留后患，保持稳定的发展。

此外，关君蔚的生态控制系统工程理论中也提到了可持续发展的理念，在生产、开发和建设与动态进程中，巧于向自然索取维护人类生存和繁衍所必需的自然资源，力求发挥其相互支持和影响的有利方面，而将其相互抵触和损害的部分约束在最小限度，实现我国防护林建设的可持续发展。

第二节

防护林营造理论

一、防护林树种选择原则

关君蔚在长期防护林研究与建设实践中，对山区、丘陵区、黄土高原区、干旱风沙区等不同区域的防护林林种组成、配置、结构及其功能等方面提出了自己独到的见解，提出"立地条件"和"适地适树"的原理，成为防护林体系建设中树种选择的理论基础。

（一）立地条件与类型划分

立地是指具有一定环境条件综合的空间位置。在造林地上，凡是与林木生长发育相关的自然环境因子的综合称为立地条件。

关君蔚指出："在自然界，立地条件是非常复杂的，就以石质山地为例，由于纬度不同，就具有不同的气候条件"，而"在相近似的气候区内亦有显著不同的小气候"，另外，"坡向、坡度、标高、小地形、土壤、地质、植物和人类经济活动的差异，也会不同程度地影响着立地条件的变化"。

造林地的立地因子是多样且复杂的，影响林木生长的环境因素也是多种多样的，主要包括光、热、水、气、土壤和养分因子。水、热状况决定着树种的分布及其适应范围，同时，某一造林地的其他因子（如地形条件的变化等）对水、热因子的再分配作用，会形成造林地的局部小气候条件，从而构成具有一定特征的造林地环境条件（图3-5）。立地因子中土壤的水分、养分和空气条件是造林地立地条件的主要方面，加之造林地上所具有小气候条件，即可综合地反映出造林地所具有的宜林性质及林草具有的潜在生产力。立地条件是众多环境因子的综合反映，因此，为了全面掌握造林地的立地性能，就必须采用正确的方法对立地条件的各项因子进行调查和分析，厘清诸多因子之间的关系，从而找出影响立地条件的主导因子，借以确定其宜林性质。

图 3-5 关君蔚（右）在黄土高原指导学生造林实习（北京林业大学水土保持学院 供图）

　　关君蔚对明确立地分类的可能性也提出了自己的见解。他指出，尽管造林地的立地条件非常复杂，但又是有规律可循的，因为它们之间的相互影响和制约的结果存在着一定的规律性，其总的结果将反映在气候和土壤条件上，在一定的气候区内也将综合反映在植物的组成和生长上，因而就有可能根据其宜林性质的不同加以系统归纳，从而构成立地条件类型。

　　关君蔚率先在国内开展立地类型和造林设计研究。关于立地类型划分的理论依据，他认为，在森林与环境这一对立统一体中，立地条件是主要矛盾方面，因为环境条件相对来讲比较稳定，然而对林木生长又起着决定性作用。因此，采用环境因子进行立地类型划分是较好的划分方法，也便于无林地地区应用。

　　当时，国外比较流行的立地分类方法是波格列勃涅克分类法。该方法以生态因子分析为基础，认为在一定的气候区域内，可以根据土壤水分和养分条件的异同，将立地条件划分为不同的等级。但是，这一分类方法适用于平原地区，而对于我国华北山区或者地面起伏较大的地区，地形的差异会影响植物的光、热条件，从而使得土壤水分和养分因子发生相应的改变。因此，关君蔚在波格列勃涅克分类法的基础上，通过对石质山地土壤和植被的综合调查，根据制约土壤性质的主要指标（如土层厚度、机械组成和侵蚀程度等）和各种植物及其群落分布，制定了适用于华北山区的立地条件分类表，对后来我国立地类型区的划分具有重要指导作用。

在此基础上，关君蔚从土地坡向、坡度、风化土层的深浅等角度将土地划分为4个类型8个级别，分别为：宜农之地Ⅰ、Ⅱ、Ⅲ级；不宜常耕之地Ⅳ级；林牧地（不宜耕种之地）Ⅴ、Ⅵ、Ⅶ级；光山秃岭水土流失地Ⅷ级。他认为，这些类型级别划分应适应农、林、果、牧等的喜光习性、根层分布、生产习惯等不同要求进行安排和统筹规划。优地优用，林牧业不与农业争地，但农业也不要扩耕挤林牧业，使土地生产回报率提高，对土地利用进行合理布局。

上述理念较全面地衡量了地形、海拔、土壤理化性质、水分条件、土壤侵蚀状况、生物的适应性等，为防护林的树种选择奠定了重要的理论基础，也与当前我国科学绿化、推动国土绿化高质量发展和建设美丽中国等多项工作密切相关。

（二）适地适树与树种选择

林业生产具有长期性。树种选择是百年大计中最为重要的环节，是影响造林成活率的重要因素之一，也是森林培育成功的关键之一。

关君蔚指出，生物和环境条件是辩证的统一体，而要想使林木又好又快地生长，首先必须了解它的环境条件，即立地条件。他在此基础上发展出的"适地适树"原则，充分体现了树种与环境条件之间对立统一的关系。不同树种的特性不同，对环境条件的要求也不同。树种的生长发育规律主要是由它的内在矛盾，即遗传学的特殊性所决定，而生境条件则是促进和影响其生长发育的外在原因。作为造林工作的一项基本原则，"适地适树"就是使造林树种的特性，主要指生态学特性与立地条件相适应，以充分发挥其生态、经济或生产潜力。根据关君蔚的理念，"适地适树"原则就是要正确地对待树木的生长发育与环境条件之间的辩证关系。在实践中，应根据立地条件选择适宜的树种，使树种和立地实现和谐统一，从而达到预期的目标。因此，关君蔚提出的"生物和环境条件的辩证统一"的思想，对于指导树种选择、林木经营和生产指导均具有重要意义。

基于"适地适树"树种选择原则，划分造林立地类型和编制立地类型表是一项重要工作，可为各立地类型区造林类型设计提供基本依据。关君蔚经过反复实验研究，将整个造林调查设计工作划分为准备、踏查、初查、详查和内业5个阶段，并明确提出了每一个阶段的主要工作内容和任务。他重视详查阶段和内业阶段的工作，注重现有林的生长调查，严格检验立地类型表的科学性和适用性，以便制订出高质量的造林设计方案供生产使用。

图 3-6　关君蔚在松潘草地考察
（手中是蔷薇小灌木，被称为红
军粮、救荒粮）（北京林业大学水土
保持学院 供图）

　　1957年，关君蔚在辽宁、河北两省开展了编制立地条件类型表和设计造林类型的试点工作，提出了华北石质山地编制立地类型和造林类型的工作方法，即山地进行调查造林设计的基本方法。这一工作方法系统全面、详细周密、要求明确，成为我国多年来进行造林调查设计的重要参考资料和科学依据，在全面提升造林质量方面发挥了不可估量的作用。

　　关君蔚在考察内蒙古土牧尔台林场和达茂旗林场时发现，大面积密植的白榆呈现"小老树"态势。他指出，要根据造林立地条件，选择适宜的造林树种，宜乔则乔、宜灌则灌，调节林木密度、加强抚育，促进林木生长。

　　在干旱区树种选择上，关君蔚强调要特别重视灌木的重要性（图3-6）。一方面是因为该地区的水分条件不能满足大面积乔木正常生长的需要，而灌木的抗逆性、适应性则强得多，其防护性能、经济性能都较好。关君蔚推广灌木具有萌蘖力强、根系发达、抗逆性强、繁殖容易、保持水土、抗风蚀力强等特点。他在实地考察中强调，灌丛能够有效地保持水土、防止沙化，耗水少还能较好地涵养水源，又是农牧民的主要燃料，也是很好的饲料，是干旱地区不可为乔木所取代的生物资源。他提出在降水量小于400mm的广大地区，受水分条件限制，灌木可作防护林下木、旱地防护林、草原护牧林、水土保持林、水源涵养林、固沙林、薪炭林、饲料林和经济林。他指出，在生态脆弱带，如北方降水量250～450mm的广大地区，除了灌木，适应性较强的是草，干旱、半干旱地区的生态建设以灌、草、乔的顺序较为适宜。在建设新绿洲林网及老绿洲第二代林网时，要研究更多的阔叶与针叶树种、乔木与灌木、以及某些经济树种，综合考虑其生物生态学特点，注意合理混交。

二、林种选择与复合经营

关君蔚在我国防护林的林种和体系研究中，首次提出了"多林种、多树种、多效益相结合"的防护林营造理论，成为防护林体系建设中林种选择与复合经营的理论基础，对全国生态林业工程建设产生了深远的影响。

（一）防护林林种选择

关君蔚积极参加并指导防护林建设工作，先后参与了冀北沙荒区、永定河下游沙荒区、豫东黄河故道沙地、陕西以及内蒙古沙区的固沙防护林的建设。在此基础上，提出了由多林种构成的水土保持林体系。

三北地区地跨西北、华北、东北地区，不同地区自然条件差异较大。广阔的土地资源以及充足的光、热、水资源，不仅能够营造以生态效益为主的防护林，还能营造见效快、受益早、经济效益高的速生丰产用材林和经济林，能够做到生态效益和经济效益的最佳结合。

另外，从生物多样性的角度考虑，关君蔚提出的"乔、灌、草结合，带、片、网结合，多树种、多林种结合"，可以提升防护林区的物种多样化、生态系统复杂化，增强生态系统的稳定性和防御自然灾害的能力。关君蔚在1990年11月9日由林业部科技委员会和林业部科技情报中心组织召开的20世纪90年代林业科技发展展望研讨会上提到："水源涵养林不是禁伐林，真正起保持水土作用的是灌木、草本，而不是乔木"，再次提到乔、灌、草搭配，不同林种搭配。

关君蔚提出并倡导的木本饲料林，是我国传统造林学中未曾有过的新林种，是建立在全树收获、短轮伐期、超短轮伐期集约经营的基础上的林种。在他的倡导下，饲料林成为一个重要的新林种，为控制风蚀沙化、水土流失为特征的土地荒漠化，建设生态经济综合防护林体系和发展畜牧业经济，起到了重要的示范和推动作用。

关君蔚提到，在山区建设中以林促牧、以牧养农、多种经营、综合发展的具体措施，解决了"地税归田"等提高旱地粮食产量的实际问题。实践证明，生态效益、经济效益和社会效益同步实现，依旧是当今防护林建设和经营的核心思想。他在三北防护林二期工程建设时，提出了建设生态经济型防护林体系的指导思想，使生态治理与经济发展相协调，生态建设与群众脱贫致富相统一，改变单一生态型防护林建设模式，做到农林牧、土水林、带片网、乔灌草、多林种、多树种、林工商7种结合，使防护林体系达到结构稳定、功能完善，实现生态、经济、社会效益有机结合。

关君蔚总结历史经验并结合实际情况，创造性地提出了我国的防护林营造理论。他在《运筹帷幄，决胜千里——从生态控制系统工程谈起》一书中，概括了防护林树种和林种选择的精髓："适地适树，因地制宜，因势利导，乘胜而起。"在指导我国三北防护林工程中起到了重要作用，为我国防护林体系的建设、林学理论的发展奠定了重要基础。

（二）农林复合经营

作为农业与林业结合的产物，复合农林业是有目的地将多年生木本植物与农作物或动物结合在同一系统内，这种结合既可以是时序上的，又可以是空间上的。其发展目标是提高土地的生产力及土地利用的持续性，并从农、林不同成分的相互作用中获得经济、生态和社会效益，对解决人多地少、农林争地、保持水土、恢复生态、提高土地利用率等都具有重要作用。农林复合经营改变了传统农业的经营特点，具有复合性、系统性、地域性、集约性、灵活性、最优性、产业性等特点。

关君蔚创立的"生态控制系统工程"理论体系与农林复合经营的思想异曲同工，对我国复合农林业的发展有着重要的指导意义。他认为，任何事物都可与其存在的环境构成一个系统，要在一定程度上改变或者影响这个系统，使其向人们所期望的方向去发展，不可能也没有必要对系统内的所有因子都进行干预或者控制，而是只选取系统内的一个或几个关键因子，在人为可及范围内对其进行控制，就可以实现对整个系统的影响，并使系统向人们所期望的方向发展。关君蔚这一"系统"思想的提出，体现了生态观的基本观点。

关君蔚"系统"思想指导下的复合农林业，也是生态哲学方法论的应用。生态哲学方法论也就是生态学思维或生态学方法，它以有机论为特征，强调事物和现象的相互联系和相互作用的整体性；在所有与生命有关的领域，应用生态观点，主要是生态系统各种因素相互联系和相互作用的整体性观点，生态系统物质不断循环和转化的观点，生态系统物质输入和输出平衡的观点。

三、防护林体系建设与重大防护林工程

关君蔚曾说："人类难生存于没有绿色的世界，这就是森林的多种功能。"20世纪90年代初，我国平原绿化工程、京津周围防护林体系建设工程、长江中上游防护林体系建设工程和沿海防护林体系建设工程相继启动，在世界八大生态系统工程中，我国独占其五。

（一）防护林体系建设

我国从20世纪70年代末期开始进行科学的防护林体系建设，先后实施了以减少水土流失、改善生态环境、扩大森林资源为主要目标的十大林业重点工程。关君蔚在我国防护林体系理论与实践方面作出了重要贡献，他历来注重实践、密切结合生产。在三北防护林体系建设中，第一次提出了建立一个高生产力的、自然与人工相结合的、以木本植物为主体，多林种、多树种、带片网、乔灌草、造封管、多效益相结合的防护林体系思想；第一次提出了建设经济型防护林体系的思想，将防护林的生态功能与经济功能相结合。关君蔚的防护林营造理论突破了传统林业建设理论，成为防护林体系建设的理论基础，也为"山水林田湖草沙"这一生命共同体的建设提供了重要的理论支撑。

三北防护林工程启动以来，在关君蔚防护林体系建设理论指导下，我国防护林体系建设规模已居世界首位。第九次全国森林资源清查结果显示，全国森林面积中，防护林面积达$1.01 \times 10^8 m^2$，占46.20%，蓄积量$8.81 \times 10^5 m^3$，占森林蓄积的51.69%。进入21世纪，国家对林业生态工程进行了重新整合，确定了全国六大林业重点工程，建立起布局合理的森林网络体系，重点地区的生态环境得到了明显改善。

（二）重大防护林工程

关君蔚作为三北防护林工程首期技术顾问，提出了防护林的林种和体系的理论。他认为，三北防护林体系不是几个林种的混合物，而是将各林种有机地组织起来，形成地区性的防护林体系。他的观点成为三北防护林工程建设的科学理论基础，并被广泛应用于其他防护林体系的建设中。此外，关君蔚还指导、参与干旱草原区和荒漠区防护林体系工程建设，有效遏制了风沙蔓延，控制了水土流失，构筑了我国农业生态屏障，保证了我国粮食生产安全。

三北防护林工程是世界范围内最大的人工生态系统，该工程的开展也为我国赢得了广泛的国际声誉，极大地提升了影响力，为全球范围内的生态环境保护提供了宝贵经验。据统计，40多年来，三北防护林工程累计完成造林保存面积$3.01 \times 10^7 hm^2$，工程区森林覆盖率由1977年的5.05%提升到13.57%；森林质量明显提升，生物碳储量比原来增加了$1.34 \times 10^{13} kg$，工程区水土流失面积降低了66.6%，水土保持林面积增加了$1.19 \times 10^7 hm^2$，农田防护林面积增加了$1.34 \times 10^7 hm^2$，防风固沙林面积增加了$6.4 \times 10^6 hm^2$，生态状况明显好转。与此同时，工程开展带动了三北地区农民增收、城镇建设和乡村发展，帮助了1500万人脱贫，促进了工程区的生态文明建设（图3-7）。

关君蔚在1988年初撰写的《长江防护林体系建设的必要性和紧迫性》一文中，大声疾呼"势在必行，越快越好"，此文在三峡工程的论证中作为专题印发，推动长江中上游防护林体系建设工程的尽快实施。文中，他系统地论述了长江中上游水土保持和防护林体系建设间的关系，为沿海和全国防护林体系建设奠定了基础，并推动了长江中上游、黄河中游、珠江流域等共计17项防护林工程，为我国林业带来了历史性转变，对提高公众的生态文明意识有着深远意义。

　　1986年，由关君蔚担任技术顾问的世界百个重大获奖项目之一——三北防护林工程，荣获了联合国环境规划署颁发的金质奖章。

图3-7　关君蔚（右三）在甘肃寺大隆林场考察三北防护林建设（北京林业大学水土保持学院 供图）

第三节

防护林生态效益

一、环境改善效益

（一）水源涵养作用

水源涵养林是防护林体系的重要林种，水源涵养功能也是防护林的重要生态功能之一，关君蔚认为，有林就会有水，"雨多水多它能喝""雨少天旱它能吐"，该观点充分体现出了水量平衡原理。水量平衡是指任意区域（或水体），在任意时间段内，其收入水量与支出水量的差额，等于该系统内储水量的变化量。他对于如何认识和发挥防护林的水源涵养效益上一直保持高度关注。在充分分析国内外森林水文学研究成果的基础上，他提出，水源涵养林通过植被覆被地面，截持降水，调节和吸收地面径流，固持和改良土壤，保持和滞蓄下渗水分，抑制蒸发，提高水分有效蒸腾，均匀积雪，改变雪和土壤冻融性质，并能促进降水增加等有利于人类生活和生产的效能。他认为，水量平衡原理是解决水源涵养效益的理论基础，只有从水分循环和水量平衡来研究水源涵养生态效益，才能得到正确的结论。

关君蔚认为，水源涵养林的生态效益是由淡水供给、径流调配、水质净化、气候调节等多种水文生态服务组成的整体，刻画的是不同时空尺度下植被与水的连续性、系统性作用过程，囊括从水分输入到系统内水分传输再到水分输出的垂向与横向过程中多界面、多维度的形式表征。

关君蔚指出："山青才能水秀，造林就是造水。"他提到，1966年在北京清水河流域，尽管都是次生林，应有1/3面积的林地，配置适当，即可控制全部降雨。他指出："山有多高，林有多高，有林才有供人类饮用的淡水资源，且能减免泥石流、山洪暴发和洪涝灾害。"1978年，在祁连山林区考察时，他特别强调森林对降雨尤其是暴雨起到了"整存零取"的作用，起到削减洪峰、调节径流的作用。1998年，南方特大洪灾后，关君蔚到江西、湖南、湖北多地考察，他又反复强调森林涵养水源的重要作用。

（二）净化水质功能

关君蔚认为，水源涵养林除具有涵养水源、调节水文循环等功能，还可以通过吸附、调节和过滤等物理、生化作用来改善水质，进而提供优质水源，是净化水质、清洁水源的重要生态载体。他认为，水源涵养林通过其复杂的群落组成及其结构，对泥沙、污染物等有较强的截留、过滤、吸附和降解等作用，其水环境质量的影响主要是改变降水和径流水质，由于防护林植被的存在，对降雨、径流中的悬移泥沙含量、水温、溶解氧、病原体及化学物质浓度等都有很大影响。

在淡水资源和农村可持续发展的动态监测，关君蔚曾经指出："山有多高，林有多高，有林才有人类需要的淡水资源。"这一观点体现了防护林对水体净化作用的环境效益中有着重要意义，特别是流域尺度范围的水源涵养林建设，其主要功效就是净化水质、改善水体健康。流域中森林的存在可以将污染物拦截、吸收和分解，减小其对流域水体的影响。水质净化功能是森林生态系统的重要功能之一，不同类型的森林的生物学和生态学特性的差异，导致其在水质净化功能上表现有所差异。他以典型的水源涵养林为例总结的"森林土壤对水的净化机制"指出，森林净化水质以大气降水的输入为起点，贯穿整个森林生态系统的水分运移、分配与输出过程。防护林建设具有显著的水质改善功效，降水携带多种物质进入生态系统后，不仅降水量进行了再次分配，而且伴随着化学元素的交换过程，水质发生了很大变化。基于森林净化水质的途径与机制考量，森林净化水质功能也应是森林水源涵养生态效益的重要方面，特别是水源涵养林，其过程取决于生态系统中植被和土壤要素对降水及其水化学特性的多界面调节，水分过程与水化学特性耦合、并行发生变化。

为了从根本上明确防护林与其净化水质功能之间的关系，关君蔚比较了不同防护林类型、不同防护林布局间净化水质功能的差异，且对氮、磷等营养元素在水文循环中的运输及转化作了较为深入的探索。近年来，由于人们对日益严重的水环境污染问题的重视，森林的水质净化功能逐渐成为国内外研究的热点与趋势。实践证明，合理的森林类型布局对于提升森林水质净化功能至关重要，而且在流域面源污染控制、水源污染防治、森林水文等方面具有重要意义。

（三）改善气候环境

关君蔚认为，在生态脆弱地区，营造防护林可以控制水土流失、防治风蚀沙化、抵御风沙、减轻霜冻和干旱等灾害，保护农牧业生产和改善生态环境，以及提供林副产品的多种经济效益等。

他分析了防护林对于小气候的调节作用，曾提道，"水化成水蒸气要消耗大量的热量，蒸腾作用会使得森林及其附近随空气湿度的增加，相应的空气温度会降低"。在三北地区进行考察后，他指出防护林能改善农田、牧场小气候条件，防护林调节温度的效益十分明显，能增强抵御自然灾害能力，改善生态环境，保护资源可持续利用。适宜的空气湿度，不仅能够有效地促进作物的生长，对人们的身体健康也是十分有利的，可以优化人类和其他生物的生存环境。

早期，关君蔚就认识到，防护林可以降低风速，具有一定的防风效应，减少风沙危害。在干旱、半干旱地区营造防护林，改变了下垫面性质，这使得风速廓线发生很大变化，因而具有良好的防风效能。防护林一般可使风速平均降低20%～30%，为农作物生长创造良好的环境条件。森林植被通过降低风速，从而起到固定流沙的作用。关君蔚曾提出，干旱地区农田防护林是保证农田土壤免受风沙威胁的重要措施。通常，大风可以将农田肥沃的表土吹蚀，导致土壤出现沙化，积累的沙石到一定程度会将幼苗等埋没，严重时甚至会导致大范围的农田被吞没，使土壤的肥力下降，农作物生长受到影响。一般气流在其运行的过程中，如果遇到林带的阻挡作用，会降低运行速度，减小危害。

二、保水保土功能

（一）控制水土流失

水土保持是针对水土流失而言，没有流失就没有保持。从大自然的变迁来讲，造成水土流失有多方面的原因。人类为了生活和发展经济，就要开展水土保持工作，这是矛盾对立的两方面。党的十九大报告提出：要加快生态文明体制改革，建设美丽中国。开展国土绿化行动，推进荒漠化、石漠化、水土流失综合治理，强化湿地保护和恢复，加强地质灾害防治。

关于防护林对水土流失的重要作用，关君蔚在1988年考察大兴安岭火烧迹地时曾作了详细的阐述："当森林立木几乎全被烧死，地表枯落物亦被烧毁，土壤裸露。立木被火烧后树冠失去原有截持和缓冲降雨动能的作用。森林面积的减少可能直接影响到河川水文状况，森林涵养水源作用产生变化。火灾区土层浅薄，一旦发生水土流失，后果严重。大于25°的坡面上，还有发生重力侵蚀的潜在危险性。"

我国黄土高原水土流失严重，关君蔚多次前往考察，调研黄土高原水土保持防治水土流失的重要作用（图3-8）。

图 3-8 1984 年，关君蔚（右一）陪同时任农业部副部长蔡子伟（右四）在西北黄土高原考察（北京林业大学水土保持学院 供图）

关君蔚曾提道："长江中上游山高坡陡，土层浅薄，水土流失严重，造成毁灭性灾害的滑坡和泥石流是山区水土流失发展到极为严重阶段的表现形式。"他指出，通过营建长江中上游地区防护林体系，可以有效减少水土流失量。防护林通过林冠和枯树落叶层的拦截和消能作用，可以减少地表径流量及径流速度，减弱雨水对土表的直接冲击和侵蚀，使林地表层土壤不会迅速流失，也可起到滞洪和减少洪峰流量的作用。同时，森林土壤良好的水分渗透性能及林木根系强大的固土作用，有效地控制了土壤侵蚀的发生和发展，减少滑坡、泥石流和山洪的发生，起到水土保持的作用。

泥石流作为一种典型的水土流失表现形式，关于对它的治理，关君蔚也曾提到防护林的重要作用，他提道："在有泥石流发生危险的沟道里，大于25°（理论上是23°左右）的山坡和沟道，保护、改造和营造成具有深根系树种参与的乔灌木混交、复层、异龄的壮龄林，就可以根除暴雨型泥石流的发生条件。再辅之以必要的工程措施，就可防治泥石流的毁灭性灾难。"

由关君蔚指导，北京林业大学研究组在密云水库上游水源涵养林生态系统与防止土壤侵蚀效益的研究中得出，结构良好的森林植被可以减少水土流失量90%以上。水源保护林防止水库流域内土壤侵蚀的作用非常显著。在天然降水下，荒坡产沙量是刺槐林地的4.10～12.40倍，是油松林地的19.16～44.76倍，林地对坡面产沙的削减率平均为79.7%，对小流域产沙的削减率平均为65.6%。

（二）改良土壤

关君蔚防护林系列建设理论最早源于"森林改良土壤"理论。他指出，森林可以固持和改良土壤，由于根系壮大，能最有效地利用土地深层的营养物质，然后归还积累在表层，而且本身消耗的很少，归还和积累在表层的多，其结果可以促进土壤形成过程。

他提出，不同类型防护林表层土壤营养元素贮量及速效性养分供应状况，比未造林地高，防护林改良土壤作用显著。由于林下植被及枯枝落叶较多，土壤有机质含量高，土壤肥力水平高，因此，不同防护林覆盖下的土壤均具有良好的自我培肥功能。防护林根系的活动和地上部分树木有机体的积累、枯落物的分解，必然对土壤微生物的区系组成和活动产生积极的影响，并导致土壤特性、肥力和结构的改变。因此，防护林是地区生态平衡和生物群落的物质转化的重要因素。

关君蔚高度关注农村农业的发展，根据防护林可以提高土壤肥力的理论，先后发表"发展生物能源是实现农业现代化的关键""发展燃料林是实现农业现代化的关键""关于农村林业在中国几个问题的探讨"等论述，并指出农村建设不能以牺牲农村的自然环境和生态资源为代价，而应该和生态保护协调发展。他倡导实施平原绿化工程，大力推进农田防护林工作，农田防护林的建设可极大降低区域风速、提高相对湿度、减少蒸发量、改善土壤结构。通过改善农业生态环境、优化作物生长条件、增强土壤肥力、提升农业抵御自然灾害的能力，保障粮食生产安全，促进粮食稳产高产。

关君蔚指出，不同类型防护林对土壤改良效果不同，改良效果的程度与森林植被的组成和结构，以及树种的配置方式都有很大的关系，其顺序大致是复层结构优于单层结构，针阔混交林优于纯林，混交效应取决于各种群的优化配置。在新时期对关君蔚的防护林体系思想，包括树种选择与结构优化、空间配置管理等继续进行实践是必要的。

三、防治沙漠化

关君蔚从新中国成立之初就开始参与防沙、治沙有关的教学、科学考察和生产指导工作。他参加了"察绥大林带"调查，担任了三北防护林工程技术顾问，他大声疾呼"巴比伦文明毁灭的悲剧"不能在20世纪的中国重演，并提出了遏制沙尘暴的指导思想和具体技术措施，于2002年获得"全国十大治沙标兵"的荣誉（图3-9）。

图 3-9 2002 年，关君蔚（左）被评为"全国十大治沙标兵"（北京林业大学水土保持学院 供图）

（一）阻挡风沙的绿色长城

新中国成立伊始，关君蔚以专家身份参加了由当时华北行政委员会主持组织"华北五省防护林考察"工作（当时的绥远省、察哈尔省、平原省、山西省、河北省），向国家提出了《华北防护林调查研究报告》。所谓"研究"实指河北坝上和大青山、乌拉山以北典型干草原地带，即"察绥大林带"能否实现。他对欧亚大陆东段大兴安岭以西、贺兰山以东、阴山山地以北的内蒙古高原南部（含冀北坝上高原）波状起伏平原、层状平原中草原农垦区、草原畜牧区进行了地质、地貌、气候、土壤、植被、资源开发利用、旱作农业生产、天然草原畜牧业考察。

在考察的基础上，综合考虑该区域自然条件特点，自然灾害频发率、土地荒漠化为特征的环境恶化等对该区生产、生活、生存的严重影响，提出建设防护林体系的重要性和紧迫性。此次考察为后来成立水土保持专业和开设固沙造林相关课程奠定了基础。同期，关君蔚带领同事们不仅讲授水土保持工程和防护林等知识，还开始讲授固沙造林相关知识，开启了当时北京林学院乃至全国防沙治沙的教学、科研和生产，为后来水土保持专业更名为水土保持与荒漠化防治专业奠定了基础。也正是这次考察，为后来关君蔚在建设三北防护林这一阻挡风沙的绿色长城献言建策中，提供了防沙治沙思想和科学造林的依据（图3-10）。

1978年，我国启动了三北防护林工程。关君蔚前往条件恶劣的沙区进

图 3-10 关君蔚（左二）在榆林沟沙站考察（北京林业大学水土保持学院供图）

行实地勘察调研，获取了大量第一手造林地基本情况，为沙区防护林的建设提供指导，其工作内容远超出了顾问的职责范围。关君蔚高度关注三北防护林工程中沙地、沙漠治理和华北北部、西北干旱地区的造林工作，并对阴山以北内蒙古高原南部干草原农垦区中西段乌盟后山的防护林体系建设进行了现场技术指导，为各级领导和广大干部做学术报告，极大地推动了三北防护林的建设工作。

关君蔚主张三北防护林工程建设区内，适宜人工造林的北方温带半干旱地带，应该是年均降水量400mm等值线以上，中温带天然生落叶阔叶林、针阔混交林分布的界限以南。该线（平均降水量400mm等值线）以北，历史上无天然林分布也无人工造林，原生天然植被为干旱草原，包括内蒙古高原南部，是不能人工造林的地区。在他的指导下，年均降水量400mm等值线以北，阴山以北内蒙古高原南部中、西段，年均降水量300mm左右的农牧交错区、草原畜牧区，选用抗旱耐瘠薄的乔木、灌木树种，采取一系列抗旱造林技术所营造的各种防护林，不仅能够稳定生长，而且能够连续发挥防护效益，并且涌现出一批典型防护林带。关君蔚提出的"青龙战黄龙"（"青龙"指三北防护林，"黄龙"指北方滚滚黄沙），形象地总结了我国北方采用防护林进行防沙治沙的做法。

在三北地区农田防护林的建设中，关君蔚指出："在自然条件恶劣的地方，有林才有田，要先种树固沙，然后才能进行农业生产。"关君蔚认为，要想实现快速治理荒漠化，防止"巴比伦"式的悲剧在中国上演，就必须种树，且必须在水分条件稍好的地方分一部分水资源出来，建设乔灌防护林为主的防护林带或网。他认为，环境条件是由许多因素相互影响和制约的运动中形成的，改变或改造其中某一个或某几个因素，将会影响到环境整体的改变。三北防护林建设时期，算得上我国防沙治沙工作的至暗时刻，若不能取得成功，后果不堪设想，关君蔚作为技术顾问，不断强调种树是坚定不移的战略方向，哪怕长成的树需要向一部分人抢水"吃"，但这道绿色长城关系到整个华夏民族的福祉。

关君蔚针对我国北方频发沙尘天气的问题，提出加强林草建设，完善防护林体系的基本防治思想，并首次提出防沙治沙中灌木是首选。灌木的抗逆性、适应性较强，具有防风固沙、提供饲料和薪炭的作用，并有一定的经济效益。其次，在生态脆弱地区，除了灌木，适应性较强的草应该在生态建设植物选择过程中排在乔灌之前。总的来说，关君蔚认为干旱、半干旱地区的生态建设植物种的选择应采用灌、草、乔的顺序。同时，采用飞播造林、建设草场、封沙（山、滩）育林草等方式恢复植被，并重点保护干旱地区绿洲，防止和减轻沙尘暴灾害。他提出按照"绿洲—过渡带—荒漠"依次排列的格局，加强绿洲内的防护林网建设和提高人工饲草地的比例，重视过渡带的作用，建设绿洲外围的生态屏障。

关君蔚还深入分析了荒漠地区的缺水问题，建议加强水利工程建设、跨流域引水、强化流域水资源管理，特别强调了科学用水，推广节水技术的重要性。他提出，在水分极端缺乏，用水量又大量增加的情况下，强调科学用水，推广节水灌溉技术是极为必要的，是干旱、半干旱地区甚至半湿润区的用水必然方向，其目的是发挥水资源的最大生产效能。他还强调，循环用水和高效利用太阳能的生物集约化生产模式，是未来沙区发展趋势，有利于防沙治沙事业的发展。

（二）防沙治沙思想的启示

关君蔚提出，荒漠化是在干旱、半干旱或干旱的半湿润地区，由于人类不合理活动引起的土地退化。并在《科技术语研究》上系统地阐述了其内涵、由来及其防治建议，并强调无论是防治荒漠化，还是防沙治沙，在我国当前都是迫在眉睫、亟待解决的重大问题，也是涉及人类未来，举世瞩目的热点所在。我国荒漠化土地面积约$2.61 \times 10^6 km^2$，沙化土地面积为$1.72 \times 10^6 km^2$，但目前对这片土地的科学认识还远远不够，对其诸多的地质演变、生态过程及其对相邻区域的影响等问题是不清楚的，在防沙治沙建设中恢复起来的生态系统的发展、演替和稳定性等也不甚明晰。因此，正如关君蔚所说，荒漠化和防沙治沙的工作和科学研究，广阔天地，大有所为。

关君蔚在对甘肃、宁夏、内蒙古、新疆、河北等地多次实地考察后（图3-11）认为，西北荒漠区生态建设是关乎我国可持续发展的关键之一，具有农业土地资源增长巨大潜力，在合理开发和治理的情况下，可能多养活1亿人口，而且可以达到稳定温饱的生活水平。关君蔚在三北防护林建设中坚持的"突破传统思维、打破固有束缚"，正好可以作为沙产业发展的指导思想，针对沙区自然条件盈亏的特殊性，扬长避短，倡导以提高光合作用效率和提高水分利用效率为特征的开发战略，把充分利用沙漠地区"取之不尽，用之不竭"的太阳能作为目标，以太阳能作为直接能源，建立一套现代农业技术体系，可为创造新的农业文明提供指导与依据。

关君蔚充分考虑国家需求和不同地区特点，提出建立防风固沙防护林体系应遵循自然规律、因势而为、量力而行，这些理念在我国全面推进生态文明建设的今天，依然有重要的指导意义。

关君蔚对"巴比伦"式防沙治沙灾难的战略预见思维，对当前防沙治沙事业还具有重要指导意义。他在一系列著述中指出，荒漠生态系统是异常脆弱的，必须谨慎再谨慎地"呵护"，对沙区资源的利用要更加合理和科学。关君蔚科学保护和利用沙区资源的思想，警示着防沙治沙人，现今成绩的取得是几代人共同努力的结果，巩固成果至关重要，防沙治沙事业任重而道远。

图3-11 关君蔚（左）在河北省丰宁满族自治县考察防沙治沙成果（张洪江 摄）

参考文献

董智勇, 沈国舫, 刘于鹤, 等. 90年代林业科技发展展望研讨会发言摘要[J]. 世界林业研究, 1991, 4(1): 1-21.

樊宝敏. 从梦想到现实: "三北"工程的谋划与推动[J]. 森林与人类, 2004(1): 14-18.

高成德, 余新晓. 水源涵养林研究综述[J]. 北京林业大学学报, 2000, 22(5): 78-82.

关君蔚, 李中魁. 持续发展是小流域治理的主旨[J]. 水土保持通报, 1994(2): 42-47.

关君蔚, 王林, 殷良弼. 北方岩石山地划分农林牧区的意见[J]. 林业科学, 1955(2): 1-10.

关君蔚, 王贤, 张克斌. 建设林草科学用水, 增强综合防灾能力: 从"5·5"强沙尘暴引出的思考[J]. 北京林业大学学报, 1993(4): 130-137.

关君蔚, 姚国民. 土耳其林业、水土保持见闻[J]. 北京林学院学报, 1985(1): 85-93.

关君蔚, 张洪江, 李亚光, 等. 北京林业大学关君蔚工作室与社科院社会学研究所长景天魁博士的座谈记要[J]. 西部林业科学, 2005(4): 129.

关君蔚. 传播沙棘科技信息, 促进生态环境建设事业的发展: 《国际沙棘研究与开发》创刊词[J]. 国际沙棘研究与开发, 2003(1): 3.

关君蔚. 淡水资源和农村可持续发展的动态监测[J]. 中国农业资源与区划, 1998(6): 23-27.

关君蔚. 发展生物能源是实现农业现代化的关键[J]. 水土保持, 1981(1): 44.

关君蔚. 防护林体系建设工程和中国的绿色革命[J]. 防护林科技, 1998(4): 12-15.

关君蔚. 甘肃黄土丘陵地区水土保持林林种的调查研究[J]. 林业科学, 1962(4): 268-282.

关君蔚. 建设长江防护林体系已是当务之急[N]. 中国青年报, 1998.

关君蔚. 开展山区生产工作的几点体会[J]. 北京林业大学学报, 1997, 19(S1): 186-189.

关君蔚. 前事不忘, 后事之师: 从442次客车失事看水土保持科学的重要性[J]. 水土保持通报, 1982(2): 26-29.

关君蔚. 山区建设和水土保持[J]. 四川林业科技, 1983(2): 11-21.

关君蔚. 四千年前"巴比伦文明毁灭的悲剧"不允许在二十世纪的新中国重演[J]. 北京林学院学报, 1979(0): 1-8.

关君蔚. 有关水土保持林的几个问题: 在黄河流域水土保持科学研究工作会议上的发言[J]. 黄河建设, 1964(2): 19-21.

关君蔚. 中国的绿色革命: 试论生态控制系统工程学[J]. 生态农业研究, 1996(2): 7-12.

刘洪恩. 记早期关君蔚先生以林为主的水土保持学术思想[J]. 北京林业大学学报, 1997, 19(S1): 15-16.

刘霞, 谢宝元. 水源保护林生态服务功能及其评价[J]. 河北林果研究, 2002, 17(2): 100-105.

马英杰, 褚占芳. 加强水源涵养林建设实现水资源永续利用[J]. 青海农林科技, 2002(3): 25-29.

钱俊生, 余谋昌. 生态哲学[M]. 北京: 中共中央党校出版社, 2004.

三北防护林体系建设三十年总结表彰大会召开[N]. 人民日报, 2008-11-20(002).

孙保平. 这里留下了先生的足迹: 贺关君蔚院士80寿辰有感[J]. 北京林业大学学报, 1997, 19(S1): 50-53.

王百田, 林业生态工程学[M]. 4版. 北京: 中国林业出版社, 2020.

王百田. 回顾关君蔚先生防护林体系理论发展历程[C]. 2017水土保持与荒漠化防治高峰论坛论文集, 2017: 8-11.

王九龄. 我国立地类型和造林设计研究的先驱: 关君蔚院士[J]. 北京林业大学学报, 1997, 19(S1): 34-36.

萧龙山. 内蒙古干旱草原区防治土地荒漠化、建设综合防护林体系的奠基人之一: 关君蔚院士[J]. 北京林业大学学报, 1997, 19(S1): 25-30.

张洪江, 崔鹏. 关君蔚先生水土保持科学思想回顾[J]. 中国水土保持科学, 2018, 16(1): 1-8.

张洪江, 关君蔚. 大兴安岭特大森林火灾后水土流失现状及发展趋势[J]. 北京林业大学学报, 1988, 10(S2): 33-37.

张晓明. 二北防护林工程建设成效及发展对策[J]. 防护林科技, 2020(2): 52-54.

张新时, 石玉林, 关君蔚, 等. 关于新疆农业与生态环境可持续发展的建议[J]. 中国科学院院刊, 1999(5): 336-340.

朱教君, 郑晓. 关于三北防护林体系建设的思考与展望: 基于40年建设综合评估结果[J]. 生态学杂志, 2019, 38(5): 1600-1610.

朱金兆, 贺康宁, 魏天兴. 农田防护林学[M]. 2版. 北京: 中国林业出版社, 2010.

第四章

"林水关系"学术思想

关君蔚一生情系国家，心系民生，对待学术研究潜心贯注、矢志不渝、不断创新。他在考察过程中关注到森林在水文循环中的作用，提出森林涵养水源思想，确定"人、水、林"相互响应关系，并指出森林水文需要长期定位观测。他形成并推广的"林水关系"已经形成系统，经受住了时间考验与科学验证，在森林植被营建及抚育管理中发挥重要理论及技术支撑指导作用，为我国生态文明建设作出了重要贡献。

关君蔚长期深入山区，与山区人民群众一起开展研究工作，将论文写在了祖国大地上，提出山区人居环境改善治水先行，治水是小流域综合治理核心，水是实现山区生态文明建设的关键等思想。在长期的实践工作中，关君蔚探明了森林对降雨，尤其是暴雨起到了"整存零取"的作用，生动形象地提出了"雨多水多它能喝""雨少天旱它能吐"的观点。他在充分分析瑞士、日本、美国等具有较长森林水文学研究历史的国家相关资料后，提出"造林就是造水""有林就会有水"是科学自然规律，明确了森林在水文循环中的重要作用。

关君蔚毕其一生追寻森林涵养水源的真谛，基于大量的实践和研究，持续夯实其森林涵养水源思想，不断丰富森林涵养水源、蓄水保水和净化水质的功能与内涵，为"林水关系"研究指明了前进道路。人们通过实地实践，普遍理解并认同关君蔚的森林生态系统是大自然的"绿色水库"，发挥着涵养水源的重要作用，为人类持续提供可饮用的淡水资源这样的至理名言。

改善生态环境的最终目的是服务人类、惠及百姓。关君蔚阐明了森林水文对人类社会及经济的作用及意义，他思想超前、力排众议、独树一帜地提出"人、水、林"关系，注意到水对于植被营建的重要作用，提出在降水量<400mm的地区，水分条件不能满足大面积乔木林正常生长的需要，即使成活也长成"小老树"的论断，强调灌木林的重要性。在20世纪80—90年代重视用材林的情况下，他看到各江河水源地区森林保护水源的重要作用，提出江河水源地区森林均应划为水源涵养林，不是禁伐林，天然林中的过熟林可以通过群团状抚育采伐，更新换代，提高质量，扩大森林面积。这些观点为后来植被营建及经营、树种筛选、基于功能调控的植被密度动态调控等研究奠定了坚实基础。

关君蔚一生足迹遍布祖国各地，有远见地看到了绝大部分干旱、半干旱地区绿洲水分条件都十分紧张，大面积营造速生丰产用材林应持慎重态度，要保障绿洲水资源，保障绿洲整体经济正常运转。在西北风沙地区，需要维护生物生长的持续发展，"以水定产"的基础是要"林草先行"。这些论述无不与现在的重视森林生态系统多种功能，基于植被水资源承载力优选树种和优化结构以及提质增效相吻合。

上述思想反映出关君蔚高瞻远瞩的大师风范，其"人、水、林"思想已经体现在"山水林田湖草沙"一体化保护和系统治理以及江河流域生态环境保护和修复之中。关君蔚的大量思想也已被广泛吸纳入"科学绿化"理念中，被融入统筹水资源合理开发利用和保护，守护好生灵草木、万水千山的生态文明建设之中。

关君蔚关注"林水关系"中"林"的生态服务功能以及"水"的可持续利用，关注河川预警以及林水长期动态监测。他在探索林水关系理论的同时，通过大兴安岭特大森林火灾后水土流失现状及发展趋势，建议对一些典型的河道断面进行动态监测，要重视火灾后河川水文状况及其含沙量的变化，关注因泥沙淤积或因洪水刷深而导致的河床变化情况，预防洪涝灾害发生。

他提出，森林水文研究需要长期定位动态观测水文状况、定位监测水文过程、预警洪涝灾害、充分发挥森林涵养水源和保护水土功能，这些思想已成为目前森林水文长期监测与研究平台建设的理论指导和技术支持，对实时掌握森林水文状况变化、精准调控森林植被动态密度、提高森林植被营建成活率和保存率、高效发挥其生态系统服务功能具有重要意义。

关君蔚"林水关系"思想体系中的"森林保持水土、涵养水源、净化水质、科学用水、以水定林以及森林水文需开展长期定位监测"等论述，有效地支撑和促进了森林水文学向森林生态水文学发展，明确了森林在水文水循环中的重要作用，推进了森林水源涵养理论形成及发展。

关君蔚的思想体系使森林生态系统结构优化、功能提高、水文过程耦合、林水相互作用成为当今国内森林生态水文学研究的主流，并在"科学绿化""以水定林""长期动态监测植被密度"等实践中得到了广泛应用，其理论内涵和技术实践促进了森林植被营建和抚育管理并重发展，推动着我国生态文明建设和生态修复工作的实施进程。关君蔚倡导的林水关系思想深入人心，在促进植被生态效益提高的同时，也增加了区域经济效益和社会效益，为促进人类福祉作出了突出贡献。

第一节

森林在水文循环中的重要地位

关君蔚是一位注重身体力行的科学家，坚持"在黑板上造不出林"的理念。他在探寻山区可持续发展和高质量发展的根本途径中，探明了"林"在水文循环中的重要作用，指出治水在山区可持续发展、改善山区人居环境和生态建设中的作用，阐明了森林"产"水的科学内涵，为林水关系思想体系形成打下了坚实基础。

一、水是山区可持续发展的根本保障

1949年，受聘于河北农学院的关君蔚，积极响应全国解放号召，上山下乡帮助老解放区百姓建设山区。由此，西装变布衣，讲台不再囿于三尺，山区成为他实践水土保持研究的广阔天地。

关君蔚足迹遍布山区的沟沟壑壑，为治理山区水土流失而奋斗终生，和山区人民结下了深厚感情。关君蔚一生都在关注山区发展与山区建设，一心期盼能够解决山区贫困落后问题，使得山区百姓能够安居乐业。他针对我国是一个多山缺水的国家，山地丘陵区占国土面积的2/3，全国山地丘陵区水土流失面积达51万km²，且由于不同类型侵蚀营力作用，土层变薄，地力衰减，作物产量低而不稳，针对人民的物质和文化生活水平低下、身体素质和文化素质不足等问题，提出应该坚持走山区可持续发展道路，并且应持续、稳定、协调地进行山地丘陵区小流域治理以促进山区发展。

山区可持续发展不仅是中国发展的重要议题，在世界上也具有重要地位。20世纪70年代，可持续农业农村发展（SARD）的概念首次被明确提出，1988年，联合国粮食及农业组织（FAO）提出了"山区可持续农业农村发展"（SARD-M）的概念。随之在《21世纪议程》第13章《管理脆弱的生态系统：可持续的山区发展》中，第一次将山区系列问题与气候变化、沙漠化、森林砍伐等置于同等地位予以重视。其后，2002年、2012

年、2015年相继发布的《约翰内斯堡执行计划》《我们期望的未来》《变革我们的世界：2030年可持续发展议程》，对山区可持续发展总体框架进行了补充，并且倡议各国应将山区经济、社会与环境融合的可持续发展作为整体可持续发展战略的关注重点。

世界上各个国家和地区在探索山区自然生态环境、社会经济条件及传统习俗的基础上，根据当地气候特点、地理位置，采取各种措施，不同程度地进行开发利用，有效促进山区可持续发展进程，并取得了良好成效。

日本在发展山区经济方面取得了很大进展。1950年以来，日本先后颁布了《森林法》《林业基本法》等有关山地水土保持的法律，进行了大面积植树造林以防治水土流失，减轻山地灾害，并在山区进行整体规划、修筑梯田，实施机械化作业，因地制宜发展多种经营方式促进产业发展，在保护生态环境的同时促进经济效益提高，并提高劳动就业率和社会效益。

法国为消除山区等落后地区与发达地区之间的不平衡，也进行了一系列整治计划。19世纪末，法国制定《山地绿化法》《山地复兴法》，为山区造林事业奠定了基础。随后开展了注重山区教育、注重水资源合理利用、加强基础设施建设、保护自然环境等一系列山区发展措施，有效促进农业、手工业、旅游业、工业共同发展，促进山区经济发展。

意大利注重丘陵山区的综合治理和环境保护工作，其主要措施包括坚持公众参与、因地制宜制定国土开发利用总体规划；遵循市场规律、加强政策引导和宏观调控；以保护环境为前提，开展山区经济建设；把加强基础建设和完善社会服务作为山区开发的基础条件；创立山区经济合作组织等。

由于各国条件不同，因此在山区治理时采取的措施也并不完全相同，多是因地制宜发展经济，但是发展重点均一致，即在保护环境的前提下进行经济建设，包括采用水土保持、植树造林等措施以防治水土流失，保护水资源。随着时间发展，山区可持续发展策略不断变化深入，人们更进一步认识到水对于山区可持续发展的重要作用。由于山区水资源管理关系着流域上、中、下游的共同发展，越来越多地成为各个国家和地区研究的重点和焦点。

国际山地综合发展中心（ICIMOD）将"水资源和风险管理综合研究"确定为三大战略规划领域之一，重点关注山区水资源的开发与灾害风险研究。全球环境基金（GEF）在厄瓜多尔资助的气候变化项目，着力改善该地区的水管理。法国在山区发展中，从战略角度确定了山区水资源保护与开发的地位，强调上下游地理与空间上相互支持的重要性。印度采用流域水资源的集成管理，旨在解决高山地区的水资源可持续利用。莱索托实施流域水资源项目，协调与邻国间水资源管理与开发的矛盾，实现本国水资源的有效合理利用。南非为保护下游平原地区的水资源供应，对上游山地流域的土地利用方式和类型进行严格控制。水资源管理逐渐成为各国家和地区的关注重点，普遍被认为是山区可持续发展的重要支撑。

在坚持山区可持续发展的背景下，如何进行山区可持续发展，从哪些角度入手开展我国的山区治理，关君蔚给出了明确答案。他反复强调水的重要作用：21世纪是争水的世纪，我国淡水资源少，水资源分布不均，用水紧张已成定局。他还提出，山区一定要从水土资源条件出发，选择适宜树种，尤其适宜的林果品种，是开展山区生态恢复、发展林果经济的重要前提。

关君蔚高屋建瓴、富有洞察力地提出"水是山区可持续发展的根本保障"的重要学术思想，抓住了山区治理的牛鼻子，深刻揭示了山区可持续发展的本质，看到了山区问题的根本。他不仅道出了国内山区可持续发展的核心问题，更是高瞻远瞩地映射出近些年国际山区可持续发展的关注热点，彰显了他对水土保持的深刻认识、对山区发展的殷殷关切。

回顾过去20多年来我国在流域治理、生态修复工作过程中所秉承的理念，与关君蔚这些重要论述不谋而合。他提出的治水是小流域综合治理的核心、改善山区人居环境治水先行、水是实现山区生态文明战略的关键，不仅在过去指引着我国的生态建设，在全面推进生态文明建设的今天，这些思想仍散发着智慧光芒，推动着我们不断走向明天。

（一）治水是小流域综合治理的核心

长期以来，我国水资源短缺、水环境恶化以及农村地区水污染等问题十分突出，经过多年不断地探索和实践，在不同地区形成了特色鲜明的小流域综合治理模式，有效减缓了水土流失等危害。随着经济发展和人民生活水平提高，人们对环境有了更高要求，小流域治理理论也在与时俱进，不断完善和改进。近些年来，在传统小流域治理的基础上，将小流域内的水生态环境、村落环境及景观建设纳入小流域综合治理之中，对小流域综合治理提出了新的要求。

生态清洁小流域是一种新型的小流域综合治理模式，它是指以小流域为单元，统一规划，综合治理，各项措施遵循自然规律和生态法则，与当地景观相协调，基本实现资源的合理利用和优化配置、人与自然的和谐共处、经济社会的可持续发展及生态环境的良性循环。2013年，水利部发布的《生态清洁小流域建设技术导则》指出，生态清洁小流域建设目标是沟道侵蚀得到控制、坡面侵蚀强度在轻度（含轻度）以下、水体清洁且非富营养化、行洪安全、生态系统良性循环，是系统提升水环境、水生态和人居环境的重要举措。

生态清洁小流域建设以水为核心，将水资源保护、面源污染防治、农村垃圾及污水处理等相结合。其建设目标是通过有效保护，综合治理后的小流域实现山青、水秀、人富。在规划上，以水源保护为中心，以小流域为单元，将其作为一个"社会—经济—环境"的复合生态系统，"山水田林路"统一规划，"拦蓄灌排节"综合治理，改善当地生态环境和基础设施条件。山区是重要的生态屏障和水源涵养地，经过十几年的实践，在山区进行生态清洁小流域建设，已经形成较为成熟的技术体系，实践证明修建梯田、营建水土保持林具有调节地表径流、涵养水源、防治水土流失、净化水质、美化环境等生态效益，并间接提高经济效益和社会效益统一，有利于促进山区经济发展。

现在越来越多的生态清洁小流域成为美丽乡村、特色小镇、全域旅游的重要支撑，成为当地经济社会发展的增长点，绿水青山成为金山银山的示范区，让山区天更蓝、地更绿、水更清，实现农民富、乡村美的乡村振兴目标。

在山区进行生态清洁小流域建设，以水为核心，减少山洪等山地灾害，让山区水质更清澈，这是提高山区经济发展质量，满足人们对美好生活向往的重要举措，也是对关君蔚所提出的"水是山区可持续发展的根本保障"的完美诠释。

（二）改善山区人居环境，治水先行

司马迁在《史记·水利志》中指出："水之利害，自古而然。"新中国成立后，我国对水利建设极为重视，每年都投入一定的人力、物力和财力进行水利建设。但由于区域地理地貌以及全球变化影响，旱涝灾害频发，造成了巨大的经济损失，我国面临着治水治山，改善生态环境，提高农业生产效益的艰巨任务。改善人居环境至今仍是当代山区群众的殷切期盼，是建设生态宜居美丽乡村的必然要求，是加快山区社会经济现代化的重要组成部分。当前，随着经济和社会的快速发展，在工业化、城镇化进程中，山区群众对人居环境有了更高要求，对美好生活有了更多期许，改善山区人居环境成为生态振兴、山区发展必须解决的重点问题；也逐渐意识到水治理是改善山区人居环境的重要措施，是实现山区可持续发展的重要保障。"水利不仅是农业的命脉，事实上包括人类在内，水是生命的根本"，关君蔚对山区建设和水在山区经济发展中的重要作用等观点，长久以来指导着我国山区水土保持建设事业的发展。

1. 防治山地灾害，保障人居环境安全

我国是山地大国，包括高原和丘陵在内，山地面积约有666万km^2，占国土总面积的69.4%，山区人口占全国总人口的1/3以上。山区是山地灾害易发区，常见山地灾害包括崩塌、滑坡、泥石流等，通过冲击、冲刷和淤积过程，

图 4-1　关君蔚当年在北京门头沟田寺村种植的树（北京林业大学水土保持学院 供图）

摧毁城镇和乡村居民点，破坏道路、桥梁和工程设施，淤塞河道和水库，掩埋农田和森林，严重威胁山区人民生命财产与工程建设安全，对山区经济的持续发展和人民安居乐业有严重的负面影响。

降水既是山地灾害成灾水源和组成成分，又是激发因素，山地灾害多发生在多降水年份，特别是多大暴雨年份，因此治理山地灾害关键在于治水。开展流域森林植被建设，提升流域水源涵养能力，提高山地坡体和沟道河岸的稳定性，降低暴雨洪峰流量，是开展山地灾害防治的重要措施。除实施造林等生物措施外，工程措施也是山区山地灾害防治的重要手段。新中国成立后最早的泥石流防治工程，正是出自关君蔚之手。总体而言，从治水出发进行山区流域植被建设，减水减沙，降低山地灾害危害，开展山地灾害预防和治理工作，是实现山区群众安居乐业、社会经济可持续发展的重要前提（图4-1）。

2. 治理水污染，提升水质，保障饮水安全

水是人类生产生活中必不可少的物质基础，是极其宝贵的自然资源。中国是世界上21个贫水和最缺水的国家之一，人均淡水占有量仅为世界人均的1/4。在我国整体水资源短缺的大背景下，北方缺水问题更加突出，山区是北方平原区水源地，在水安全中发挥重要作用。随着山区经济发展，山区水污染严重，污水来源及成分更加复杂，污水处理率较低，处理现状十分落后。不达标的污水排放不仅是江河湖泊富营养化的重要原因，同时也是饮用水水源地的潜在威胁，不仅影响当地山区群众生活健康以及饮水安全，而且也会给下游平原区饮水安全带来威胁。常见的生活污水与畜牧养殖业污水的排放，易生成有害病菌，增加消化道疾病粪口传播风险，通过危害地表水健康进一步影响饮用水安全；工业污水的危害性更强，污染农作物和动植物，通过食物链累积，最终危害居民健康和生命安全。

关君蔚早已认识到水资源的重要性，他说："本世纪的战争由争夺领土和石油而起，下一世纪则必将是争夺淡水的世纪。"随着人口增长、农业灌溉、工业化、城镇化的发展和生活水平的提高，关君蔚提到的"淡水之争"已经逐渐显示出来，缺水引起的水污染以及水污染导致的水资源紧缺问题，日益成为影响山区群众饮水安全的重要环境问题，成为山区社会经济持续发展的约束因素。关君蔚呼吁"山水林田路综合治理"，提出增加森林植被是解决水资源、水环境问题的重要途径，通过开展山区森林植被建设工作，涵养水源，可以改善水资源短缺现状。通过坡面、沟道植被过滤带建设，减低含沙量，改善水环境，提高山区水质。合理护岸，推进小流域治理和山塘水库修复，改善防洪排涝和生态条件等，都是当前改善山区人居环境重要举措。此外，进行相应的饮水安全工程建设也可以保障人民健康安全，是山区基础设施改造提升的重要内容，也是社会主义新农村建设的重要内容。

缺水、水污染、水质差已成为当前山区发展的限制性因素。想要促进山区经济社会全面发展，治理好水污染，从林水关系出发改善山区水环境，保障山区群众饮水安全是重中之重。为山区居民创造绿色清新环境，享清澈潺潺流水，饮甘甜安全之水，是提高山区居民生活质量、促进当地可持续发展的重点。

3. 改善区域生态，营造水景观，提升人居体验

从水出发改善人居环境，保障人们的人身安全和饮水安全。在满足了人们最基本的生活需要后，更进一步地丰富人们的精神世界，满足人们对美和舒适生活的向往，可在保证水环境安全的前提下，充分保护水环境的自然景观和生态系统，通过创造人水和谐、多姿多彩的乡村水环境景观，在提升人们的居住体验的同时，也为后续乡村旅游发展奠定了基础，有利于当地的可持续发展。

水是传统村落居民生存和生产的根本要素。依水而建、靠山而居，使得先民在治理水的艺术上发挥了无与伦比的智慧，这既能满足人们生产生活的需要，又能依据山水之势，享受山水诗画般的娟秀之境。然而，随着经济和社会的发展，人们的生活水平不断提高，传统的民居、设施和景观已经与当代群众的生活方式产生了矛盾，人们不仅需要生存，更需要宜居、美丽的居住环境。水是山区赖以生存的资源，河流更是当地风俗文化的象征，一条河流流淌着一段故事，记录着一段历史，映衬着当地居民的朝起暮休，迎送往来。

"黄河流碧水，赤地变青山"是关君蔚的理想，也是一代又一代水保人奋

斗的目标。在山区进行流域森林植被建设，结合河道治理开展水生态、水景观和水文化建设，充分体现人与自然和谐共处的治水理念，努力实现河道流畅，水清、岸绿、景美的目标，发挥河道综合功能，创建绿水青山，实现良好的生态环境。实践证明良好生态环境是人类健康的根基，也是人类走向未来的依托，山清水秀的自然风光是自然赐予人类的财富，良好的水环境带来优美的水景观，提升了人居环境质量，美丽山区风光通过吸引各方游客享受山水美景、体验自然节奏、回味乡愁等，有效促进山区发展旅游，形成经济发展良性循环，并助力实现山村转型，增加山区居民就业岗位，稳定居民收入，促进山区社会经济持续健康发展。

（三）水是实现山区生态文明建设的关键

新时代，我国将生态文明建设提高到了前所未有的高度，生态兴则文明兴，生态衰则文明衰。新时代要建设人与自然和谐共生的现代化，追求人与自然的和谐、经济与社会的和谐，牢固树立和践行"绿水青山就是金山银山"的理念，统筹山水林田湖草沙一体化治理，把治水与治山、治林、治田、治湖有机结合起来。在美丽中国、"两山"理念、山水林田湖草沙综合治理等生态文明建设过程中，"水"一直是落实的关键，是实现山区社会经济可持续发展的保障，是实现山区高质量发展的基础。

在山区全面实现生态文明建设，水十分重要。要真正实现山水林田湖草沙生命共同体和"绿水青山就是金山银山"的理念，就是要实现人水和谐，一方面要贯彻"适水发展"理念，另一方面要科学地配置、高效地利用与有效地保护水资源，将各个方面兼顾起来。

水是山区持续开展生态文明建设的关键，实现人水和谐，保障水安全是实现山区生态文明战略的基础，以乡村振兴为抓手，深入实施山区人居环境整治行动，加强山区水环境治理，推行绿色生产方式，使山区人居环境显著改善，落实"两山"理念，促进人与自然和谐共生、经济建设与生态文明建设协调发展，为山区可持续发展提供保障。

关君蔚提出的"水是山区可持续发展的根本保障"，高度概括了山区可持续发展的根本问题。这一观点也体现在我国当前生态文明建设的方方面面。水是改善人居环境的关键，是保障山区人民健康安全，落实乡村振兴战略，保障山区实现社会经济可持续、高质量发展的基础。治水是小流域治理的核心问题，水治理可以减少山地灾害危害，保障山区人民的饮水安全，建设乡村水景观，促进构建山区安全宜居环境。从治理改善人居环境再到保障山区整体生态文明建设，水始终扮演着重要的角色，建设美丽中国，实现山区可持续发展，水是保障，也是基础。

二、造林就是造水，有林就会有水

森林与水是森林生态系统的重要组成部分，是人类赖以生存和发展的物质保证。森林植被结构通过影响土壤—植物—大气连续体中的水分流动和养分循环，影响地表水、土壤水和地下水的水分交换过程，影响其降雨截留、雨强削弱、溅蚀降低、水资源调控等多种水文功能变化。森林和水之间的这种强烈的耦合关系，激发科研人员在林水耦合关系方面不断探索。

关君蔚自投身于水土保持事业开始，就始终关注和重视"林水关系"这一问题，生动形象地描述其为"雨多水多它（森林）能喝、雨少天旱它（森林）能吐"，并高度概括出森林对水资源的巨大作用——造林就是造水、有林就会有水！

（一）造林就是造水

森林作为天然水库和过滤器，其最具价值的生态服务之一，就是通过复杂的森林水文过程，存储、释放和净化水，"无偿"为人类提供稳定的和可预测的清洁水源。森林与水的关系并非此消彼长，两者相互依托，有着复杂而又密切的关系。近年来频繁发生的水患灾害，时刻提醒着我们要高度重视森林与水的关系。1986年，关君蔚与日本北海道大学教授进行生活用水的合作研究时，考察了塞罕坝、秦皇岛以及滦河流域，看到营造的人工林有效保存了水源最小流量，即枯水流量，提出"山青才能水秀，造林就是造水"的观点，此观点为理解和处理好林水关系提供了重要的理论遵循和行动指引。

森林生态系统是一个复杂的生态系统，具有良好的生态服务功能，森林水循环是陆地水循环的重要组成部分。联合国粮食及农业组织（FAO）的报告指出，过去10年来，亚洲的森林面积增减变化很大：在20世纪90年代，森林面积一度减少了3000平方英里[1]，2000年后，亚洲新增了大约4000平方英里的森林资源。我国是森林覆盖率较低的国家，23.04%的森林覆盖率，低于世界森林覆盖率总体水平（32%）。

为了切实提高我国森林覆盖率，为广袤的国土增添一抹绿色，全国各地纷纷响应习近平总书记"绿水青山就是金山银山"的号召，大力植树造林。经过多年的不懈努力，我国森林面积有了显著增加，活立木蓄积量达到136.18亿m^3，成为世界上同期森林资源增长最多、最快的国家。

1　1平方英里≈259hm^2，下同。

经过多年治理，毛乌素沙漠这片贫瘠的土地已经变成了绿洲，森林覆盖率已超过30%，植被覆盖率已达到80%。总面积11341hm²的辽宁章古台沙地森林公园，是沙漠奇观与人工林海巧妙结合的生态景观，是植于百米沙层上的世界奇迹。甘肃民勤，曾经是一片沙漠的苏武山林场，如今经过治沙人的努力，建立起近万亩有机酿酒葡萄示范基地，年产酿酒葡萄近5000t。在世界森林资源日益减少的情况下，我国实现森林资源的持续增长。森林植被状况的改善，不仅美化了家园，减轻了水土流失和风沙对农田的危害，而且还有效提高了森林生态系统的储碳能力。

水是地球上一切生命的源泉，也是森林生态系统物质循环中不可或缺的因素之一。植物的生长、发育、结实、繁衍都脱离不开水分和一定的水环境。联合国有关数据显示，全球人口日常用水3/4来自森林集水区，超过16亿人靠森林满足用水、食物、药物、燃料等生活需求，到2025年，全球将有约18亿人口面临绝对缺水问题。这也充分体现了森林对于人类的重要性。

我国水资源首先在地区分布上很不均匀，南多北少，东多西少，相差悬殊。另外，小到个人的生活用水，大到工业、农业等方面都存在大大小小的水资源浪费现象，森林植被受到严重破坏，水源涵养功能下降、水土流失严重。一方面，水源减少，个别地区连年干旱；另一方面，一些地区连年出现洪涝灾害。干旱和水灾都给工业、农业及人民生活造成巨大的经济损失。以黄河为例，下游河床每年以10cm的幅度抬升，已高出地面3~10m，成为地上悬河。由于淤积，全国损失水库容量累计200亿m³。根据关君蔚"造林就是造水"的思想，森林植被的建设对于增加降水、调节径流、减少洪涝与干旱灾害、减轻污染以及保持水土和改善生态环境方面具有十分重要的作用。

近年来，我国的洪涝灾害频繁发生，严重的暴雨灾害对人们的生命安全造成了巨大的威胁，而森林除了能起到净化空气的作用，还能有效预防暴雨事件的发生，森林对暴雨"整存零取"的作用，在很大程度上缓解了暴雨事件带来的危害。关君蔚一再强调要重视森林涵养水源的作用，这一点为正确处理暴雨问题提供了正确指引。

森林是由乔木、灌木、草本、枯枝落叶层及庞大的根系构成的多层立体结构，具有涵养水源的巨大能力。大量的研究也证实了森林涵养水源的功能，不同地区不同林分森林涵养水源的能力不同，涵养水源的量也不同。如四川扎古瑙河小流域森林涵养水源能力由2010年的1580.76t/hm²增加到2020年的1850.26t/hm²；北京山区森林涵养水源总量为16.2万亿m³，平均涵养水源深度为75mm；浙江安吉每年森林涵养水源可达19.66×10⁸t；井冈山国家级自然保护区森林涵养水源总量为21.94×10^6t。

值得注意的是，关君蔚所说的"山青才能水秀，造林就是造水"是在合理利用土地的背景下提出的。几千年来的历史经验证明，长期肆意破坏自然植被以及不合理利用土地，都是导致气候失调、干旱、风沙肆虐、地力耗竭、水土流失严重的主要原因。因此，合理利用土地，就必须因地制宜，宜林则林，宜草则草，乔灌草合理搭配、有所侧重，制定生产建设方针，全面规划，地块落实，充分发挥土地的生产潜力。做到顺应自然、尊重自然，掌握自然规律、运用自然规律，而不是违背自然造林。

（二）有林就会有水

既然森林和水的关系不是简单的生产关系，那么水资源是如何依存森林的呢？森林生态系统具有良好的涵养水源服务功能，这种功能的发挥是通过林冠层、枯枝落叶层和森林土壤层3个作用层来实现的。降雨事件中，首先发挥作用的是林冠层，林冠就像一把伞，削减了雨滴势，也拦截了部分降水。植物截留量可视为两部分组成：一部分是降水过程中从枝叶表面蒸发的水量；另一部分来自降水终止时枝叶上存留的水量，这部分最终也消耗于蒸发。截留后，阻止了雨滴击溅表土，避免了土壤颗粒被击碎；另一方面，大大减少了落到地面的降水量，从而减少了地表径流量，也减少了土壤侵蚀量。国内外研究显示，林冠层具有一定截留降水的能力，且不同森林生态系统的林冠截留率存在差异性。一般而言，森林生态系统林冠截留降水的比例在10%～45%。

森林作为陆地植物群落中有机物质产量最大的植物群体，每年都会产生大量枯枝落叶，复杂的森林生态系统常是多种树种占据多层空间，林下有草类和苔藓，再加上土壤动物和微生物繁多，常常形成深厚松软的苔藓层、枯枝落叶层、腐殖层和淋溶层，促使整个土层变得深厚。由纵横交错的土壤动物通道、洞穴以及庞大的根系，交织在一起形成的深厚松软的林地土壤，是森林发挥涵养作用的根本基地。有林地中大量的枯落物以及良好的土壤结构，导致其具有较强的蓄水功能，因此，与无林地相比，有林地的蓄水能力更强。森林可以改善土壤性质，枯枝落叶层腐烂后，形成腐殖质和有机质，参与土壤团粒结构的形成，特别是还能组合粗粒土壤和增加黏重土壤的孔隙度，使前者持水量增加，后者易于通气透水，促进雨水迅速下渗，从而减少了地表径流对土壤的冲刷，有效促进降水入渗。

森林有雨能"吞水"，无雨能"吐水"。在发生暴雨时，林地有浓密的枝叶阻挡，加之地面的苔藓和枯枝落叶，能够吸收大量雨水，达到饱和后，下渗至腐殖层和淋溶层，再迂回曲折缓缓渗流而下，这即为"雨多水多它能喝"，也就是说在适宜的地方造林，可以减少土壤流失量以及洪水发生风险。同时，林地也能够有效吸收降水，面积为10万亩的森林，相当于一个200万m^3的水库。雨后天晴，苔藓层和枯枝落叶层下的雨水源源不断流入河溪，即使长旱无雨，从腐殖层和淋溶层渗流而出的水分，也会汇成涓涓细流，加之成土母质和基岩缝隙的少量水源，甚至可以跨年度补给，这即为"雨少天旱它能吐"。对森林进行养护，会增加土壤及河川径流量、减少洪水流量、增加平枯流量。同时，虽然在森林是否会增加区域降水方面还存在争论，但大量的研究表明，森林植被能够显著影响降水，森林覆盖率的增加会不同程度增加降水。因此，保护和增加森林资源是解决水资源的重要途径。

自2000年以来，我国实施京津风沙源治理、天然林保护、退耕还林还草等一系列重大生态工程、全民义务植树等活动，显著地提高了我国的森林覆被率，森林面积和蓄积量连续30多年保持"双增长"，蓄积量超过175亿m^3，人工林面积长期居世界首位，成为森林资源增长最多的国家。全球2000—2017年新增绿化面积中，约1/4来自中国，贡献比例居全球首位。

"十三五"期间，我国在全国范围内全面停止天然林商业性采伐，天然林全部纳入保护范围，全国已建立起近700万人参与的天然林管护队伍，各地综合运用物联网、远程监控、无人机等各种智能软硬件技术对天然林资源加强保护。国家所实施的重大生态修复工程，充分发挥了大自然自我修复能力，有效防治水土流失，截至2020年底，全国累计治理水土流失面积143.7万km^2。在重点治理的区域，控制土壤流失90%以上，林草植被覆盖率提高了30%以上，有效提升了农业生产能力，促进了农民增收致富。从坡耕地众多的长江上中游，到千沟万壑的黄土高原，从"有水存不住"的西南石漠化片区，再到侵蚀沟严重的东北黑土区，兴修梯田、打淤地坝、固沟保土、恢复植被、大力开展水土流失综合治理，书写了一个又一个绿色奇迹!

关君蔚用"造林就是造水，有林就会有水"生动地解释了森林植被对于水资源的重要意义，也为理解"绿水青山就是金山银山"作出了重要的诠释。

第二节

森林的涵养水源功能

由于森林生态系统结构较为复杂，早先对森林涵养水源作用的认知，更多停留在"知其然"层面，仅用"黑箱理论"解释这种规律。但要想寻求森林涵养水源功能的改进与提升，就必须"知其所以然"，需要逐步以"灰箱理论"乃至"白箱理论"，分析研究森林生态系统内部结构和相互关系。

关君蔚通过森林蓄水保水、净化水质等功能效果，提出森林涵养水源的学术观点，为后期研究森林多种生态系统功能打下稳固基石。他对森林涵养水源功能的深刻认识，推动了森林水文研究由关注结果走向了过程和机理的全面认识。

一、森林涵养水源功能及内涵

如今，森林涵养水源的重要功能已被世人所认可与接受。其理论的起源、形成与发展，离不开关君蔚的贡献。他在长期的实验和研究中不断进行理论总结，推动了森林涵养水源功能研究不断走向深入。

（一）森林涵养水源的机理模式

祁连山地区的森林是甘肃河西走廊地带经济建设的命脉，也是数万人民赖以生存的保障。20世纪70年代后期，关君蔚深入河西走廊考察，考虑到祁连山区森林资源对河西走廊具有极其重要的意义，深感有必要成立一个专门的水源涵养林研究机构。在他的不懈努力下，我国第一个研究森林涵养水源的专业单位——甘肃省张掖市祁连山水源林研究所（现甘肃省张掖市祁连山水源涵养林研究院）成立。在他指导下，水源林研究所取得了一系列重要成果，森林涵养水源功能的有关研究工作，也逐步在全国范围内开展起来。

国际上，森林涵养水源功能的研究起源于19世纪末20世纪初，最早产生于森林水文学中。20世纪60年代，该领域的研究由苏联引入我国，但因种种原因而中断，后在20世纪70年代初恢复。关君蔚在长期的野外考察与实践中，充分注意到森林涵养水源功能，补充和发展了森林涵养水源理论，并于1989年在《森林涵养水源机理的研究》一文中，第一次系统阐述了森林涵养水源机理。在2005年联合国千年生态系统评估成果发布后，森林生态系统的水源涵养功能得到更为广泛的关注。

关君蔚对森林涵养水源的功能阐述为：森林覆被地面、截持降水、调节和吸收地面径流、固持和改良土壤、保持和滞蓄下渗水分、抑制蒸发、提高水分有效蒸腾、均匀积雪、改变雪和土壤冻融性质、并能促进降水增加等有利于人类生活和生产的效能。他同时指出，森林水源涵养作用的本质在于森林对水资源的有益影响，并且森林对水资源的影响不仅限于森林所在地区，对邻近地区，尤其是对江河下游的影响更为突出；必须在江河的水源区充分发挥森林水源涵养功能，做到"蓄水于山""蓄水于林"。他认为，林冠截留能改变降雨的性质，尤其是林地吸收调节雨水和地表径流的作用，可变暴雨为细水长流，除害兴利。

森林涵养水源的机理是一个十分复杂的物理过程，其保持水土、涵养水源的作用层主要是林冠和植被层（灌木和草本植物）、枯枝落叶层、根系土壤层，通过这3个层对降水进行调节，并提高土壤的抗蚀抗冲性能。林冠和植被层截持雨水，削弱了雨滴动能，减少了地表径流量从而减少土壤侵蚀量；当林冠和植被层承接雨水的能力达到饱和后，枯枝落叶层就构成了第二道屏障，拦截降雨、改善土壤性质、防洪减灾和抑制土壤蒸发；最后一道屏障是根系土壤层，根系土壤层具有固土护坡、涵蓄降水的功能，土壤层蓄存的这部分水，在较长时间内能作为渗流补给河流、水库，增加河流枯水期流量。

（二）森林涵养水源功能的发展及内涵

随着人类对水资源需求的不断增加、全球水资源的急剧恶化，森林涵养水源功能方面的研究不断深入，其概念内涵也不断得到丰富和发展。森林是陆地生态系统水源涵养的主体，森林水源涵养量约占陆地生态系统水源涵养总量的60.8%，相比草地、农田等生态系统类型，森林水源涵养能力更强。

关君蔚提出的森林涵养水源功能得到了实地数据的验证。例如，在祁连山水源涵养林区，因林冠层、枯枝落叶层、林地土壤层等对降水的作用，地表径流很少发生，主要为壤中流和地下径流，一般径流的峰值出现在降雨峰值后2.5h，洪峰期径流量减弱。研究发现，森林植被在一个生长周期内产生数量庞大的枯枝落叶等有机物，一个生命周期内所有枯死和凋落的有机物质，比活的森林植物本体本身要多2~3倍，每年凋落枯枝落叶干重能达到1~5t/hm²。森林地面的枯枝落叶层处于松软状态，具有很大的孔隙度和持水力。枯落物不仅可以截水、蓄水，更重要的是能减少水土流失。据有关研究，1kg枯枝落叶可吸收2~5kg水分，一个良好的枯枝落叶层能保持10mm以上的降水；其达到饱和持水通常需要24~36h，下渗率可达100mm/h以上。枯枝落叶层通过微生物作用分解后，形成腐殖质和有机质，含有大量的营养物质，参与土壤团粒结构形成，提高了土壤通气性和透水性，改善了土壤理化性质，促进雨水迅速下渗，从而减少了地表径流对土壤的冲刷，有效缓解了水土流失。

关君蔚提出土壤层通过入渗、蓄纳等作用，影响降水资源分配格局。土壤入渗是指水分进入土壤形成土壤水的过程，是降水、地面水、土壤水和地下水相互转化过程中的一个重要环节。在这一思想影响下，众多学者对水的再分配研究进入了新阶段，如年降水量与年径流量变化呈显著正相关，是年径流量增加（减少）的主要气候因子。冲刷流量越大入渗量越大，同时坡面径流量也就越大。在不同冲刷流量下，当坡面土壤饱和后，入渗量会出现峰值。

通过对国内外森林水文学研究成果的分析，关君蔚指出，森林水源涵养功能是一个动态过程，植被、土壤及水是森林生态系统的重要组成部分，森林植被类型与森林土壤理化性质决定森林植被对降水的再分配，水量平衡原理是森林水源涵养作用的基本理论，只有从森林生态系统水分循环和水量平衡来研究森林水源涵养作用，才能得到正确的结论。目前，基于水量平衡原理的各种方法，是开展森林生态系统水分循环及水源涵养研究的重要手段。

关君蔚认为，从理论上不应将水的再分配停留在闭环的静态系统，而应迈入一个以降水、入渗与径流关系为核心的动态开放系统，来探索森林水源涵养作用机理和功能。在他的理论指导下，近些年来对水源涵养功能的研究，更侧重于动态分析和水源涵养功能空间结构评估，探索水源涵养作用机理和功能。这些动态分析能够为区域水资源管理、水资源配置、生态系统保护修复等方面提供技术支持。

关君蔚提出森林水源涵养作用研究应放在一个流域尺度上，测定降雨、分层土体水分、地表径流等，就能进行流域水量平衡动态分析，进而得到森林水源涵养作用确切的动态数据。根据他的思想，研究人员采用对比流域的方法，对黄土区水土保持林地生态系统和流域水分循环进行研究，定量分析水量平衡要素——降水量、蒸发散量、截留量、径流量的分配规律、各要素之间的数量关系和植被条件对水量平衡要素的影响，确定了流域水量平衡方程，并制定了流域水量平衡表，验证了关君蔚提出的该论点的正确性与科学性。

（三）森林涵养水源功能的意义及作用

我国是一个水资源缺乏国家，在多数地区，尤其是北方地区，均存在不同程度的缺水问题，严重制约着工业、农业生产。通常缺水分为两种类型，第一种为完全缺水型，即水资源总量根本无法满足当地工业、农业生产及人民生活用水的需求；第二种为不完全缺水型或季节性缺水型，即水资源总量大于或等于总需水量，但两者互不协调，汛期弃水较多，枯水季节的水量又不够用。解决第二种缺水类型的重要途径之一就是营造水源涵养林。一方面，森林涵养水源功能的动态作用能够将降水进行再分配，从而缓解和改善汛期水过多、枯水期水不足的情况，为区域工业、农业生产及经济发展提供有利条件；另一方面，森林涵养水源功能能够有效净化水质，改善区域生态环境，间接增加可供人类使用的水资源量，缓解缺水地区水资源紧张的情况，从而协调水资源的供需关系。

关君蔚提出的森林涵养水源理论，不仅为我国森林水文学研究指明了方向，更为我国生态安全屏障建设奠定了基础。森林水源涵养功能是一个极其复杂的综合过程，涉及植被、气候、地质、地貌等多个因素之间的相互作用和影响，而且在不同地区、不同林型其功能发挥过程与机理均有所不同。森林涵养水源作用从单株—林分—流域空间尺度及短期—长期时间尺度诠释多尺度上森林与水耦合关系，加强多尺度生态水文过程的观测以及不同尺度间关系推演，是系统、科学认知森林水源涵养功能的根本立足点，也是开展区域生态安全构建与管理的重要理论依据。当前，在气候变暖的大环境下，有计划地造林、再造林等林业措施，可持续地扩大森林覆盖率，改善人类生存环境的同时，也间接促进林业和社会经济可持续发展，实现生态、经济和社会效益的共赢。

二、森林的蓄水保水作用

在森林蓄水保水方面，关君蔚开展了许多意义重大的研究工作，创立了包含森林蓄水保水原理在内的生态控制系统工程理论思想，明确指出水量平衡原理是森林水源涵养作用的基本理论基础，只有从森林生态系统水分循环和水量平衡来探究森林水源涵养作用，才能得到正确结论。他提出"蓄水于林"的数字化表示："据测算，我国现有的29亿多亩森林，可蓄水4947多亿吨，几乎相当于我国现有水库的总库容量"。此数字化表示被多次用于实践，如2013年，九三学社云南省委员会针对西南大干旱情况，递交了关于将天然降水"蓄水于林"的提案，提案明确了森林生态系统保水调湿功效对水土保持和水源涵养的作用，明确森林涵养水源功能对于保护水资源并合理利用水资源具有重要现实意义。

（一）森林根底水是人类生存的老根

在长期的观察与实践中，关君蔚发现，在一些植被覆盖率高的地区，尽管降雨后，水流在林草的阻滞下，汇聚时间延长，洪峰流量减少，但山溪中的水流仍然清澈见底。因此，关君蔚提出"从森林根底渗出的水，才是人类生存的老根"。

关君蔚的阐述对生态水文研究方向有十分重要的指导意义。根系是连接植物与土壤的纽带，在土壤—植物—大气连续体中扮演着重要的角色，其对水分的吸收不仅是地表水量平衡的主要部分，而且也是控制地表、大气和植物生长之间能量交换的重要过程。根系吸水已成为许多领域的核心问题，根系吸水模型的构建也成为生态水文领域的研究热点之一。

在关君蔚观念的引领下，大量学者针对根系吸水开展了科学研究。森林庞大的根系对土壤结构有改良作用，使土壤蓄水保水功能更强。树木通过根系吸水调节土壤水分，从而影响集水区产水量和蒸散量之间的水分分配，强烈影响陆地淡水的可用性，从根本上影响森林水文学。国外有学者利用逆生态水文模型，根据连续的径流记录，估算了美国139个森林集水区树木根系吸水行为，表明控制蒸腾作用的根系水分利用策略极大地影响了整个美国的水和能量平衡。由此可见，关君蔚在当时的历史背景下提出"从森林根底渗出的水，才是人类生存的老根"的观点，深刻影响了如今以及未来该领域的研究，并在大量的实验与实践中不断得到印证与完善。

（二）森林蓄水保水遵循生物封闭式循环用水贮能生产模式

关君蔚在长期的野外调查中，以干旱风沙区为突破口，提出了"封闭式循环用水贮能的生物生产模式"。生物封闭式循环用水贮能生产模式，是指利用来自太阳的光和热，充分利用和贮存，可以将封闭或半封闭的植物生长季延长到365天，力求集约经营，年中可达四作，即使只按水平栽培养殖面积计算，生物产量即可增产2.4倍。例如，我国北方农田灌溉用水定额为7500m³/hm²，在干旱地区40%以上消耗于无效的蒸发和蒸腾，若能在封闭条件下，用水估计按5250m³/hm²计算，尽量防止失水并循环利用，分批补充2625m³/hm²，总计

7875m³/hm²，稍多于开放式灌溉定额，将可取得四作收获，并能继续经营下去。进而利用传统栽培、养殖技术的精华，辅之以遗传工程，人造土壤，无土、水耕和气耕栽培，加上生长激素、促成和肥育等配套技术措施，将能在1年内取得温饱，2年小康，3~4年可以达到所在县（市）城镇中等以上的生活水平。

森林是绿色植物群体中，利用光能制造有机物质的绿色工厂中生产力最大的工厂。每生产1kg有机干物质要从土壤中吸收300~500g水，通过植物的蒸腾作用，大部分变成水蒸气，散发到空气中。通过森林植物大量蒸腾的水蒸气要消耗热量，从而使森林及其附近空气湿度增加、温度降低。在干旱地区，此种增加湿度和降低温度、改善小气候作用更加明显。

我国是一个淡水资源奇缺的国家，森林蓄水保水遵循此生物封闭式循环用水贮能生产模式，将促进水分有效利用，从而达到节水的目的。这也充分说明了关君蔚论断的科学性、前瞻性与准确性，关君蔚这一前瞻性论断为科学推进水资源的循环利用提供了强大助力，对我国林业生态工程的发展具有重要的建设性意义。

（三）森林蓄水保水遵循森林水量平衡原理

森林生态系统的水量平衡包括降雨输入、林冠对降雨的再分配、径流的支出、水汽的散失和系统内部储水量变化。一般把降到林地的降水视为输入项，把林地蒸散发及各种径流和水分损失视为输出项。水量平衡是生态系统最重要的功能和特征之一，研究森林水量平衡，是以质量守恒定律为基础，研究森林植被水分运动规律，对水分的收入和支出进行定量分析，即计算大气降水到达森林作用面后再分配的状况，包括水和气的转换、贮水量的变化等，因而是一种动态的平衡。当输入水量和输出水量相等，这时的水分才是树木适宜生长的水分，生产潜力得以发挥，如果输入水大于输出水，则多余的水分不能被植物利用，作为渗漏量而流走，造成无效浪费，如果收入水小于树木支出水，则水分满足不了树木之需，限制其生长。目前，我国干旱、半干旱地区降水年内分布极不均匀，水分不足成为限制农林业发展的重要因子，因此，通过对森林水量平衡的研究，可以较为全面地认识森林生态系统中水量分配状况，通过各种经营措施调节水量平衡，合理利用降水资源，达到人与自然和谐的目的。

以往对于森林生态系统水量平衡的研究，大多仅基于一般水平年或水量平衡中单一组分变化影响，缺少对区域水量平衡各组分变化及其影响因素的研究。在关君蔚设想的影响下，众多学者对北方干旱、半干旱地区典型林地植被元宝枫、油松、侧柏、刺槐、沙棘、虎榛子的水量平衡进行分析，将降雨及刺槐、油松根际层以下的土壤水分上升补给为输入项，蒸散发及林冠截留为输出项，提出了森林生态系统水量平衡方程，研究表明，林地系统的蒸散发以胁迫蒸散发为主，森林植被是影响生态系统中水量平衡与水分循环的重要因素，而水分则是森林植被生理生态过程必需的养分与载体，不同水分条件可导致森林生态系统水量平衡过程有不同的响应。

研究根据植被和水分响应关系，将我国典型森林植被分为寒温带及温带森林、暖温带及黄土高原森林、亚热带森林及热带森林，每种类型森林的水量平衡都有其特点。寒温带及温带森林年径流量与年蒸发量相差悬殊，径流量明显偏小。暖温带及黄土高原森林的水量平衡状况存在较大差异，但总体趋势是蒸发多于径流，越往内陆蒸发所占比例越大。亚热带森林的水量平衡状况存在很大差异，此地区山地地貌发育，降水量大，有利于径流形成。热带森林地处低海拔地区，降水量远远超过其蒸散发量，径流年内分布不均。

这些后续的学术成果印证了关君蔚水量平衡理论的正确性，水量平衡理论对林业生产有着重要的意义，但探讨水量平衡对森林的影响是一个复杂的问题，它受诸多因素的左右，需要更加深入的研究，合理调整林分结构，合理利用和保护水资源，提高森林的经济效益和生态效益。

三、森林净化水质功能

森林作为陆地生态系统的重要组成部分，是地球上最大的陆地生态系统，堪称地球上的基因库、碳贮库、蓄水库和能源库，是人类赖以生存和发展的资源和环境，具有涵养水源、改善水质、保持水土的功能。森林植被不仅具有涵养水源的作用，还可以净化水质，为人类提供大量的可饮用淡水。

关君蔚在多年研究成果的基础之上，运用理论知识与科学技术，总结提出了"森林土壤对水的净化机制"，并且在历史的发展中得到了广泛的证实，极大地丰富了森林涵养水源思想的深度与广度，对我国森林对水质影响的研究起到了重要的引领作用。

（一）有林才有人类需要的淡水资源

关君蔚除了提到在山区需治理水污染，提升水质，保障饮水安全外，还提到需要保障全国饮水安全，有林才有人类需要的淡水资源。我国是一个水资源严重短缺的国家，且分布极不均匀。虽然我国的淡水资源总量约2.8万亿m³，占全球水资源的6%，位列世界第4位，但是人均水资源量只有2300m³，仅为世界平均水平的1/4，是全球人均水资源最贫乏的国家之一。

地球上虽然水体的面积很大，但是淡水资源却极其有限。在全部的水资源中，无法供人类饮用的水占到97.5%。在本就很少的淡水资源中，人类真正能够使用的仅仅是江河、湖泊和地下水中的一部分，大约占全球水资源总量的0.26%，而且分布不均。降水本应该是自然界中最干净的淡水，但由于在降落过程中会触及空气中的有害物质，所以不适用于直接饮用。

1981年，以四川为中心的特大洪水事件，一度让包括关君蔚在内的很多学者都意识到了将淡水变害为利，从而为人们生存所利用的重大科学意义。在这样的现实情况下，他提出：只有由林区渗流而出的潺潺清流，才是人类出现与生存的先决条件。关君蔚在当时所提出的判断与观点，对今后森林涵养水源以及森林净化水质等方面的研究，产生了深远的影响。

目前，我国淡水资源的形势较为紧张，一系列分布不均匀、污染严重、水资源短缺与浪费使用、过度利用并存等问题，阻碍了经济发展和人民生活质量的提高。习近平总书记曾提出：应当继续坚持先节水后调水、先治污后通水、先环保后用水的原则，加强运行管理，深化水质保护，强抓节约用水，保障移民发展，做好后续工程筹划，使之不断造福民族、造福人民。山有多高，水有多高，是自然规律；且减免泥石流、山洪暴发和洪涝灾害，就陆生生物和人类命脉的淡水资源而言，则应是山有多高，林有多高，有林才有淡水资源，有林才有人类饮用的淡水资源，淡水资源的保护是每代人都在做的事情。原国家环境保护局环境遥感研究中心主任蔡铭昆在2000年提出：陆地淡水资源的原料是由太阳从海洋、河湖中蒸发得来的，水蒸气在中低空扩散，运行数千公里而不衰，只要有太阳、海洋、河湖的存在，人类就有用之不竭、取之不尽的淡水资源的原料。这些理论与政策，都证明了关君蔚在当时所提出的思想观念，均与当今的生态文明建设思想高度契合。

自然环境中所存在的淡水资源，很大一部分都需要依靠地球引水器，才能将它们从空中引下来。陆地引水器则主要由森林组成。这就是说，森林中的散发物可以把这些中低空中水蒸气凝聚后变成云，再变成雨水降到地面，因此，森林是将天空中的水蒸气变成陆地淡水资源的桥梁和引水器。据测算，1亩有林地比1亩无林地多蓄水20t，我国现有的森林蓄水量几乎相当于我国现有水库的总库容量。由此反映出，森林在淡水资源获取方面发挥了重要作用。

（二）有林促进土壤对水的净化

近几十年来，全球气候异常，环境破坏严重，工业废水以及生活污水等废弃物连续不断地进入江河湖泊等水体，已经超过了水体的自净能力，使得水质问题日益严重。为了保护水资源不再受破坏，森林生态系统净化水质的作用越来越受到重视，森林与水质的关系成为研究的重点，也是森林水文学研究的热点问题之一。

关君蔚在1998年之前重访过1981年四川特大洪灾考察的旧地，面对尚留有洪峰水位的遗迹和记录的各地江桥和水文站，他深有感触：把珍贵的淡水资源护送给全国，变害为利，根治江河。

关君蔚在研究中始终立足于实际，将理论与实际紧密结合在一起。1978—1982年，他在河西走廊、祁连山地区、黑河上游寺大隆河源头的黑洼（海拔2700m），以青海云杉苔藓林和裸地相比较，运用理论知识与科学技术总结出"森林土壤对水的净化机制"。森林植被的存在，不仅可以减少泥石流的产生，还可以提供人类饮用的淡水。关君蔚提出的有关森林涵养水源的机理和作用的理论，为后续的森林水源涵养研究提供了坚实的理论基础。

1. 森林植被对水质的影响

在关君蔚理论指导下，森林净化水质研究不断深入。他在比较裸地与青海云杉苔藓林地时，认为在林地即便降水延时过长，森林都可以作为有效的地表覆盖层，拦截和去除水污染物而保护水质。相对于坡耕地等裸露地表，森林植被地表径流的养分及元素流失量更少。雨水在进入森林生态系统中会经历林冠层、枯枝落叶层和土壤层的一系列淋溶和截留，最终以溪流的形式输出，在这个过程中，水质会发生一定的变化。森林植被也可通过拦截泥沙减少泥沙含量，减少大气降水中的化学元素种类和数量，改变pH值、水温、溶解氧等来改善从森林生态系统流出的水质。森林土壤层对水质的影响与土壤结构、土壤温度和湿度，以及地被物种类紧密相关。

另外，不同类型森林对溪流的水质影响也会不同。一般认为，阔叶树种对稳定地表径流中的化学成分有一定的积极作用，混交林对水质的净化效果最佳，但也有混交林径流中的有机质，氮、磷、钙离子浓度显著升高的研究结果。对杉木林的研究发现，其对铅和镉有明显的净化作用，降水经过森林植被后磷、钙、镁、铁元素浓度均有所增大。这些研究案例进一步完善了关君蔚的观点，同时也反映出关君蔚敏锐的前沿洞察力。

2. 森林植被对水中悬浮物的影响

河岸植被缓冲带是指建立在河湖、溪流和沟谷沿岸的各类植被带，能够通过根系穿插使土壤疏松，促进地表径流入渗，进而可以过滤水体中携带的悬浮颗粒物，拦截过滤可能进入河流（水库）的泥沙、有机质、杀虫剂及其他有害物质，从而达到净化水体、保证河流水质的目的。河岸森林缓冲带建设可以减少地表径流中48%的硝化氮聚集物，也能对地表径流中的重金属、农业生产中的杀虫剂、除草剂等也能起到不同程度的去除作用。

关君蔚在当时对森林净化水质的认识，深刻影响了之后此领域的研究发展。在河流生态修复、流域治理方面的各类研究中，都贯彻着他的理念，并且沿用至今。

3. 森林土壤对水质的净化作用

关君蔚认为，溪流之所以能维持较高的水质，主要取决于林地土壤所具有的交换能力；在林地土壤吸持和流动过程中，经土壤胶体的离子转换和为植物吸收之后，溪水维持较高的水质。土壤中存在一种多孔隙的结构团粒体，它的存在极大提高了土壤的净化水质能力。土壤团粒体处于好氧环境和厌氧环境之间，团粒体中有黏土粒子和腐殖质可以吸附水中的某些物质，正是由于土壤中存在有亲水性和疏水性的物质，土壤具备了净化水质的功能。也正是由于森林土壤的组成较为复杂、物质较为丰富，再加上植物根系对雨水中所含物质的吸收利用，会使土壤水中一些元素重新参与到森林生物化学循环中从而降低含量。

基于关君蔚的理念，有学者提出不同深度土壤层对水质的影响结果不同，一些污染元素会随着土壤深度的增加而减少。土壤浅层空隙大，植物根系分布较多，也最为活跃，因此往往水质变化波动较大。土壤层净化水质能力的大小，与土壤结构、温湿条件及地被物种类紧密相关。因此，有林地与空旷地相比，其土壤具有良好的团粒结构、利于微生物生长的温湿条件、完整的地被物层，使得其比空旷地具有更强的净化功能。在不断的实践与研究中，关君蔚的观点也得以印证。在此基础上，进一步的研究发现森林不同类型也会影响土壤净化水质的能力。

关君蔚有关森林净化水质的认识，为水质净化的研究发展提供了指导性的方向，深刻影响了该领域的后续研究，并推广应用到河流生态修复、流域治理等方面，从关君蔚该思想提出到现在，不同学者从不同角度探索森林生态系统净化水质的作用，促进了关君蔚理念的发展，并夯实了森林生态水文学发展的理论基础。

第三节

"人、水、林"的关系

人在自然界中起主导地位，发挥人类的主观能动性，科学开展生态恢复和国土绿化，必然会促进森林水源涵养功能发挥，水源得到涵养才能促进森林的可持续发展，才能使生态环境步入良性循环。

关君蔚对"人、水、林"关系的阐述是"科学绿化"的基础，为生态文明建设提供了重要的理论参考，为干旱、半干旱地区开展植被恢复工程定下了准则，为生态可持续发展提供了坚实保障。关君蔚的思想，深刻阐释了生态恢复的客观规律，诠释着以人建林、以林养水、以水促林、林水惠人的合理性和科学性。

一、"人、水、林"关系的内涵

良好生态环境是最普惠的民生福祉，是经济社会发展全局的"眼睛"。而在快速工业化、城镇化和农业现代化进程中，历史实践多次证明，大量消耗自然资源，破坏原有的生态系统，将会阻碍社会发展进程。习近平总书记在全国生态环境保护大会上指出，如果破坏了山、砍光了林，也就破坏了水，山就变成了秃山，水就变成了洪水，泥沙俱下，地就变成了没有养分的不毛之地，水土流失、沟壑纵横。

（一）"人、水、林"关系概述

1987年5月6日—6月21日，大兴安岭林区由于早春干旱，发生了特大火灾。关君蔚参与了大兴安岭灾区恢复生产、建设家园的考察。同年8月12—14日，在国务院组织召开的大兴安岭灾区恢复生产、重建家园领导组论证会议上，关君蔚首次提出了"人、水、林之间的关系——兼论在我国现代化建设中林业的地位和作用"，首次展现出林水关系对于人民生产生活的重要作用。

新中国成立前期，全国的水土流失治理以工程措施为主，大多强调理水防沙、小型水利、田间工程及农业耕作措施等，具有短期效益但无法治本，且随着时间的推移，水土流失愈演愈烈，直至土地退化，农业弃耕、林木弃植、牧地沙化。在关键时期，关君蔚提出了通过实现"人、水、林"关系的矛盾统一，可以改善水土流失问题这一理论。

"人、水、林"的关系在水土保持中尤为重要，关君蔚通过例证论述了这一原理：人为了保护封山，在坡地实施水土保持栽培技术，并通过人工加速培育植被（乔木、灌木、草本），形成草地和水土保持林，能够改善土壤结构，提高土壤蓄水能力，改变水的运行规律，变地表水为地下水；减少地表水的流速、流量，增大土壤渗透、增强地表粗糙抗冲力，变地表水为弱径流，减少水土流失，达到以"土蓄水、水养树、树固土""蓄水于山、蓄水于林""有林就有水"的水土保持最高境界。为实现这一目标，关君蔚在调研的基础上，采用"山、水、田、林"土地合理利用综合规划，生物措施与工程措施结合，将水源涵养林、水土保持林、农田防护林等有关林种有机结合起来，提出了我国防护林体系，并针对各地区实际需求及地质、地貌条件，提出植被营建要兼顾主副林产品等生产建设，最大程度满足营建植被采伐需求及防护需求。这些为后来完善我国防护林体系，并在各地区营建适宜树种提供了坚实的理论基础。这种以"林"为本，"人"与"山、水、田、林"关系相互促成的思想，至今在林业工作中仍具有指导意义，并在大小流域综合治理以及各行各业协同经营管理等方面发挥重要作用，促进营建区域获取生态、经济、社会综合效益。

（二）土蓄水、水养树、树固土

关君蔚将"土蓄水、水养树、树固土"视为水土保持工作的最高境界。对于这一原理，关君蔚的解释为：水是生命之源，水的来源又靠从天而降的雨雪；森林覆被地面，截持降水，调节和吸收地面径流，固持和改良土壤，保持和滞蓄下渗水分，由多年下渗于地层深处的雨、雪水蓄积而形成了地下水。

在人类生存的地球陆地表面，自然景观由两极和高山终年积雪、苔原、草原、森林和沙漠所组成，水是生物的命脉，绿色植物能吸收空气中的二氧化碳，释放氧气，为喜氧生物提供生存的条件，其中森林为喜氧生物提供氧气的能力最强。水、土地以及除人类以外的生物环境为人类提供的外在条件，也是维护人类生存和繁育的物质基础。因此，没有水就不会出现森林，没有森林则不会出现人类。

20世纪产生的森林水文学和流域管理学，使人们对人类、森林和水之间的关系有了基本了解，还提出了在不破坏流域生态系统平衡的基础上，又满足森林对人类利益最大化的管理原则。过去1个世纪，人们在理解森林、水、气候变化和人类之间复杂的相互作用方面取得了巨大进展（图4-2）。

植被的生存离不开水。由于森林是一种结构复杂、功能多样的生态系统，森林与水关系问题十分复杂，不仅受森林生态系统演替影响，还受地形、地质、气候、土壤、植被等因素时空演变的影响。

森林与水的关系一直是国内外学者重点研究的问题，水文过程是森林植被与生态环境相互作用和相互影响中最重要的过程之一。关于森林和水之间的关系，世界各地有许多不同的研究，这些研究得出的共同结论是，森林遭到砍伐后，产水量通常会增加，但随着植被覆盖的恢复，产水量会

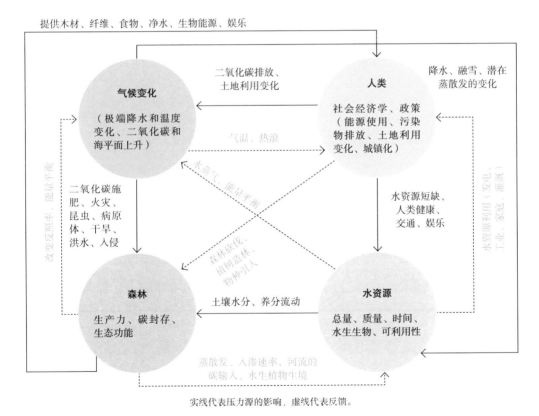

图 4-2　森林、水、气候变化和人类之间复杂的相互作用

在几年内逐渐减少（无论是在温带地区还是热带地区）。关君蔚在深入考察了国内外森林水文学研究成果的基础上，对传统水量平衡等式进行了科学补充，充实了森林涵养水源的理论，并提出森林能促进降水增加等有利于人类生活和生产的功能思想。

世界上供应人类生产和生活用水仍以江河水为主要水源，在我国主要江河上游山区居住着几亿人口，必须在江河的水源区充分发挥森林水源涵养功能，做到"蓄水于林"。人们意识到生态环境的重要性，合理运用林水，涵养水源保持水土，以求生态效益、经济效益和社会效益的同步实现，实现"土养人"的效果。

森林不仅为人类提供了木材和其他林产品，而且还具有涵养水源、保持水土、防风固沙、游憩保健、保护物种等多种作用，给人们提供了一个优美、安谧的生活环境。但随着人口的迅速增长，工业、农业的不断发展，人类不惜代价地砍伐森林和侵占林地，导致森林以惊人的速度减少，严重危及人类的生存环境，制约经济的发展。

人、水、林之间的平衡关系被破坏，直接或间接地造成了一系列全球环境问题，如温室效应、生物多样性锐减、水土流失、土地荒漠化、土地退化、水资源危机、大气污染、臭氧层破坏、噪声污染等。森林问题直接影响区域环境，关系到一个国家的工业、农业发展，以及全球自然资源的保护和发展。森林对于经济发展和维持生物圈中各种形式的生命是必不可少的，当前森林问题已成为全球生态环境的核心问题，森林是环境与经济协调持续发展的关键，是人类赖以生存和创造文明的基础。保护和发展森林将成为缓解环境危机和实现经济、社会与环境协调持续发展的根本措施。

森林砍伐严重的地区，土层变薄，地力衰减，薪材产量低而不稳，脆弱的生态环境遭到破坏的同时，经济社会也受到严重影响，进而会使人民的物质和文化生活水平低下，身体素质和文化素质难以提高。我国部分地区过去一味追求经济建设，而忽视了大自然已敲响的警钟。在过去传统发展模式中，森林资源的开发利用缺乏统一管理和合理利用，为了维持或追求与资源条件不相适应的生活水平，草皮铲尽，森林砍光，随意占用耕地，大兴土木，各种厂矿企业拔地而起，使可耕地面积越来越少，消耗和浪费了许多应属于后代人的资源。例如，原属于人少地多的甘肃省天祝藏族自治县，在新中国成立后建县时，生活用水充足，其后城市人口密集，居民任意采伐，将水源地区的林草破坏殆尽。1980年断水，引起了当地重视。之后，当地对水源地采取了封禁措施，仅4年后，灌木林成片恢复，草木茂密，潺潺清流又重新流入县城。这个案例说明，人、水、林之间是分不开的，有着密切的关系。在这方面，关君蔚曾提出：有林就有水，无林就断流。他曾在广西大瑶山进行了实地调研，当地原本雨水充沛，森林茂密，后来森林受到严重破坏，仅在山顶有些残败次生林。相邻两条相似的山沟过去有林时清水长流，尚有残林的山沟依旧全年水流潺潺，而森林遭到彻底破坏的山沟，除在雨后有浑水流出外，天晴后不久即断流。

关君蔚提出的"人、水、林"关系的理论，在我国生态建设中得以发展和广泛运用。为了实现"土蓄水、水养树、树固土、土养人"，我国开展了大面积的植被恢复及植树造林。在我国的黄土地区，由于土地荒漠化严重，水土流失剧烈，生态环境极为脆弱。每年雨季都有大量泥沙涌入江河，致使河床增高，对水能资源的开发及防洪抗洪构成重大隐患。但在一些植被覆盖率高的地区，尽管降雨多，水流在林草的阻滞下，汇聚时间延长，洪峰流量减少，山溪中的水流仍然清澈见底，这就是森林的涵养水源功能。

在过去的几十年里，随着森林管理原则和战略的变化，我国实施了几次大规模的造林计划，森林覆盖率大大提高，森林资源显著增长。同时也看到森林植被功能效益因树种不同存在较大的差异。在黄土分布地区，各种森林植被都具有庞大的根系和很强的吸水能力，甚至可以利用接近凋萎含水量的土壤水分，这就决定了它们有较强的适应性和抗旱能力；但这种森林植被会消耗深层水分，造成深层水分亏缺，林木生产力越来越低，这就提醒人们在注意植被营建工作的同时，还要加强植被抚育管理，注意筛选低耗水树种，并在植被成长周期内，动态调控植被密度，优化植被结构。

我国是水资源短缺国家，降雨并不丰足，在干旱、半干旱及半湿润地区，降雨多集中于夏季和秋季，蓄水于林就更为重要。山有多高，林有多高；林有多高，水就有多高，有林有水就可以安家立户，进行生活和生产建设，进而可以向下游供应优质用水。

关君蔚提出的"人、水、林"关系的理论，从提出至今对我国生态环境建设乃至社会主义现代化建设具有重要的指导意义，引导着国家植被营建以及水资源管理政策法规的制定和实施。

二、基于植被水资源承载力优选树种和植被结构

任何生物的生长都以资源和环境为基础，其增长的规模必然受到资源

和环境的限制。

自20世纪80年代以来，我国在北方地区开展了大规模的生态修复工程，生态环境恶化趋势得到有效控制，使我国成为全球增绿的重要贡献者。但在生态建设过程中，也曾出现过植被生长缓慢、衰退甚至死亡的问题。究其原因，主要是以往生态工程中，植被建设的规模与当地水资源承载力不匹配，当植被超过一定的生态阈值时，生态系统就可能出现不可逆的退化。因此，优选树种和优化植被结构的重要性立刻凸显了出来。

（一）干旱、半干旱地区需重视灌木营建

我国是主导世界变绿的重要贡献者，全球植被叶面积净增长的25%都来自我国，增长速度在全球居首位，这是我国近几十年来生态修复及建设工程取得的巨大成就。但这一举世瞩目成就的背后存在着曲折与艰辛，也蕴含着众多林业工作者的智慧与汗水。关君蔚作为首批参与筹备和策划林业建设工程的先驱者，提出了包含"林水关系"在内的众多理论，对我国的林业生态工程建设产生了极其深远的影响。

1978年，世界上最大的"植树造林工程"正式启动，开创了中国大规模生态建设的先河。由于乔木生长迅速，生态效益、经济效益、社会效益都更为突出。因此，我国早期的林业生态工程主要以乔木为主，忽略了灌木的重要性。随着工程的发展，很多地区发现这些树木成活率低，生长不良，难以成林，出现了很多"小老树"。"小老树"出现对工程的稳定和可持续性提出了严峻的挑战。据统计，黄土高原的杨树、刺槐、油松等树种，内蒙古中部、辽宁和吉林西部的沙地杨树成为典型的小老树分布区和树种。在这些干旱、半干旱地区开展人工造林，往往是"年年种树不见树，岁岁造林不见林"，不仅造成了巨大的资源浪费，还贻误了自然恢复的宝贵时间。

在此关键的历史时期，关君蔚远见卓识、鞭辟入里地指出了问题的根源所在。1981年1月，在兰州召开的全国农业现代化会议上，关君蔚坚持重视灌木重要性的观点，指出在无林少林地区要乔木、灌木和草本一起上，采取乔灌草相结合的措施。1993年，他再次发表学术论文，总结并重申年降水量<400mm的广大地区，水分条件不能满足大面积乔木林正常生长的需要，即使成活也是长成小老树的观点（图4-3），为干旱、半干旱地区盲目造林的行为敲响了警钟，也为科学造林的观念奠定了基础。

森林和水是森林生态系统的重要组分，前者是系统的主分，后者是系统中能量循环和物质流通的主要载体，两者之间有着极为密切的联系。

图4-3 "小老树"（北京林业大学
水土保持学院 供图）

由此看来，关君蔚所提出的水分不足造成乔木成为小老树的论断，具有极强的科学严谨性和逻辑自洽性。为了解释这一现象，并抓紧解决这一重要问题，在关君蔚观点的引领下，我国开始针对小老树成因和改良进行研究工作。

大量研究证实，气候干旱、土壤水分不足，是形成小老树林分极其重要的原因。植物的生长需要蒸腾消耗水分，一般来说，乔木高大、根系发达、树冠占据空间很大，所以需水量和耗水量均高于灌木和草本植物。当水资源无法满足植物消耗所需时，就会导致植物生长发育不良。植物生理学方面的研究结果也印证了关君蔚前瞻性观点的正确性——水分条件不足会造成小老树。后期的研究进一步发现，绝大部分的小老树都是由于水分不足而形成的，植物木质部水分传输能力与光合作用之间呈显著正相关，小老树的叶净光合速率和气孔导度显著低于正常水分条件下生长的树木，间接表明其水分传输能力受到限制；而土壤有效含水量低，植物受到干旱胁迫，会使树干液流量下降，直接导致小老树形成。总的来讲，干旱时植物木质部导管会发生空穴化，从而导致部分输水通道栓塞，失去运输水分的功能，影响叶片气孔导度，降低植物的生长速率，严重情况下会导致树木死亡。

这些后续的学术成果印证了关君蔚观点的正确性，同时也为关君蔚提出的"在年降水量<400mm的广大水分条件较差地区，要特别重视灌木的重要性"的建议，提供了十分重要的理论依据和数据支撑。

灌木林是森林资源的重要组成部分，我国灌木树种种类多，分布广阔，仅三北地区就有2000多种。它与针叶林、阔叶林和竹林共同组成我国四大林纲组，在林业建设中具有重要地位和不可替代作用。我国干旱、半干旱地区多年造林和灌木产业化实践已经表明，灌木树种具有生长迅速、适应性强、生态效益好、经济价值高等诸多显著特点。实践证明，生长2～3年草本、灌木就能有效地保持土壤，4～5年后也能防风固沙。就乔木而言，在这些水资源匮乏地区的成活率很低，即使成活，其生态效益也很难超过灌木。关君蔚曾说过，在那些只适合特定的植被生存的地区，要想使造林作业充分地发挥作用，就需要结合实际需要进行树种的选择，这样才能在未来保证树种的存活。因此，"特别关注灌木的重要性"这一观念在关君蔚的不懈坚持下，逐渐成为在干旱、半干旱地区进行生态建设与恢复工程的基本遵循。

关君蔚昔日的思想和如今的生态文明建设内涵高度契合。正如习近平总书记提出的山水林田湖生命共同体中的辩证唯物主义关系一样，植被恢复要尊重自然规律，宜林则林，宜灌则灌，宜草则草，宜湿则湿，宜荒则荒，宜沙则沙；要处理好山水林田湖草沙的关系，以水定绿、以水定林、量水而行。因此，根据当地的降水量选择合适的植被类型就显得尤为重要。在年降水量<400mm的广大地区合理选择树种，了解掌握灌木的重要性才是科学绿化的根基之一。2021年5月，国务院办公厅印发了《关于科学绿化的指导意见》，明确提出，合理利用水资源，年降水量400mm以下干旱、半干旱地区以恢复灌草植被为主。这也充分说明了关君蔚论断的科学性、前瞻性与正确性。

（二）重视抚育管理，优化森林植被结构

关君蔚曾先后参加了黑龙江省三江流域的林业考察、大兴安岭特大火灾恢复森林资源和生态环境的考察、内蒙古大兴安岭林区考察、长江中上游防护林体系建设一期工程的规划论证考察、嘉陵江上游白龙江调查、云南东川岷江西昌泥石流调查等一系列考察工作。基于大量实地考察分析，他开展了一系列关于森林植被结构及其涵养水源机制方面的研究。通过大量的研究与实践，关君蔚在当时提出了一系列远见卓识的观点，对该领域后来的研究与发展起到了重要的启示与引领作用。

森林植被结构及其涵养水源功能具有高度的耦合性，探讨如何优化森林植被结构，就必须要开展水源涵养机制的研究，这也是植被发挥保水保土功能的保障。关君蔚指出，森林营建对水资源的有益影响不仅限于森林所在地区，对邻近地区，尤其是对江河下游的影响更为突出。森林植被对降水、蒸发、径流以及区域的水文循环具有重大影响（图4-4），由于森林能够削弱洪峰，使洪峰滞后，对暴雨"整存零取"，关君蔚提出要构建一个以降水和入渗与径流关系为核心的动态开放系统，来探索森林植被结构及其水源涵养作用机理和功能的设想。

在关君蔚设想的影响下，现有研究一般将林冠层、枯枝落叶层、土壤层作为森林植被的3个重要垂直作用层，综合开展森林植被结构及其水文功能的研究。林冠截留削减雨强、冠滴雨雨滴终速和动能，穿透雨强度与入渗速度，减少了因雨滴击打土粒迸溅造成的土壤表层空隙阻塞，减少到达地表的降水量，减少地表径流，起到了明显的削弱洪峰和使洪峰滞后的作用。透过林冠层的降水会进入林下和土壤之间的枯枝落叶层，具有蓄水和调水等水量调控以及水质调控作用，也就是关君蔚曾提出的"整存零

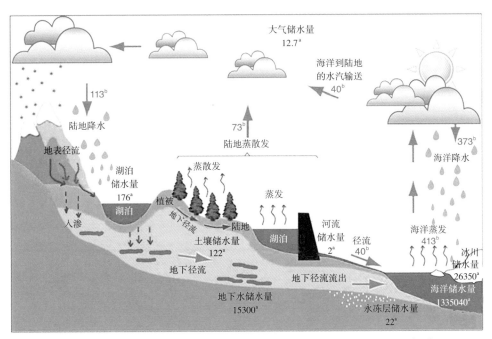

a—主要水资源存储量的估算值，单位为10³km³；b—水资源输送量的估算值，单位为10³km³/年。

图4-4　水文循环示意图

（资源来源：GIMENO L et al.）

取"的概念。枯落物的持水量可达自身干重的1～3倍，平均截留量占降水总量的2%～5%，削减径流率可达30%～50%。由于枯落物类型及质地粗糙差异，有些阔叶枯落物截留量甚至可以达降水量的50%～70%。总的来说，水源涵养林区的森林覆盖率，如果能有效地控制在55%以上（分布均匀），就能够最大程度地发挥森林的蓄水保土、水源涵养的效益。

森林水文功能的研究，为优化其植被结构提供了有力的理论和数据支撑。在抚育经营和优化结构方面，关君蔚曾明确提出"水源涵养林不是禁伐林，尤其是天然林中的过熟林，可以通过群团状抚育采伐，更新换代，提高质量，扩大森林面积"的论点，意为在水源涵养林的营建过程中，也需要通过一定方式进行采伐。水源涵养林一般要求具有复层、冠长率高、冠幅完满、树种混交、灌草丰富的森林结构，而对于初始密度高的人工水源涵养林，只有通过不断间伐，调整林分密度与林木分布，才能促进天然更新，增加树种多样性与提高林分稳定性；而未经过管理的水源涵养林林分的树种结构单一，则会影响水源涵养功能的实现。因此，水源涵养林的建设中，应在林分的上层进行选择性采伐，通过采伐管理，改善林分之中的光照条件和空气流通条件，有利于中下层树种成长，保证林分之中的树种多样性，提升其生态功能。常规采伐的林分中，其上、中、下各层冠幅更有利于其进行水源的涵养。除了垂直层面，水平方向上，水源涵养林往往存在林分的平均胸径相差较小、不同林木之间生长竞争严重、成长较为缓慢、水源涵养功能不强等问题。进行了常规采伐的林分之中，树种的成长和分布范围往往更广，树种成分更为多样化。在经营中可以选择性采伐其竞争树种，加快林区树种更新速度。除此之外，林木的冠长率和冠幅面积，均会随着林木直径的增长而增大，冠幅长度在树高的2/3时，具备最佳的水源涵养能力，可以在降水过程中，增加林分的降水截流和吸收能力，减少地表出现径流，降低出现水土流失的可能性。由于其周围的竞争性林木会对这两个特征造成影响，因此需要对竞争林木进行选择性采伐，保证目的树种的生长以及冠长率和冠幅面积的增长，以此提升其水源涵养能力。

如今，大量研究与实践成果充分验证了关君蔚的理论。一方面，采伐可以带来一定的经济效益，也正是习近平总书记"绿水青山就是金山银山"理念的具体体现。另一方面，采伐可以优化水源涵养林的水平、垂直结构，形成异龄复层林分，提高植被生长速率，增强涵养水源作用。由此可见，关君蔚在当时的历史背景下，提出的关于水源涵养林要"重视抚育管理，优化森林植被结构"的观点，以及其在森林涵养水源机制领域的研究，都深刻影响了如今以及未来该领域的研究发展，并在大量的实验与实践中不断得到印证与完善！

（三）重视干旱地区绿洲水资源的保护

绿洲在人类社会的发展历程中具有突出作用，是人类文明的重要发祥地之一，是干旱地区人民赖以生存的基础，是维系干旱地区经济和人民生活的命脉。它是指在大尺度荒漠背景基质上，以小尺度范围，但具有相当规模的生物群落为基础，构成能够相对稳定维持的、具有明显小气候效应的异质生态景观。

在我国，绿洲虽然占干旱地区总面积的比例不足5%，但却养育了干旱地区95%以上的人口，创造了95%以上的工业、农业产值。可以说，绿洲在我国的区域经济发展中占据着极其重要地位，干旱地区人类繁衍、经济发展和社会进步都与绿洲息息相关。关君蔚高屋建瓴地提出"绿洲是干旱地区的核心，保护绿洲是我们的责任，建设绿洲防护体系是基本手段"的科学论断及关于干旱地区绿洲重要性的真知灼见，奠定了我国绿洲防护体系建设的基础。

绿洲是干旱地区水、土、气、生优良组合的结果，其中水是关键因子。保护绿洲的水资源是以一持万的关键环节。"有水则绿洲，无水则荒漠"，体现了水资源在绿洲形成发展过程中的重要作用。一般认为干旱地区绿洲的发生和发展均与水源有关，绿洲的大小和规模取决于水资源的多寡，绿洲的稳定程度取决于自然和人为的水源条件，一定数量的水资源只能孕育一定面积的绿洲。

然而，在绿洲水资源保护工作上，存在一个需要维持微妙平衡的突出问题——如何建设与水资源相适应的绿洲防护体系。在这方面，关君蔚曾提出：考虑到绝大部分绿洲水资源条件都十分紧张，为保障绿洲整体经济的正常运转并保证必要的发展余地，一般来说，对大面积营造速生丰产用材林应持慎重态度。这不仅为绿洲防护体系的建设提出了"金标准"，还为国内水资源植被承载力概念及理论的形成、发展奠定了重要基础。关君蔚认为，在干旱地区有限的水资源条件下建设防护体系，需要选择耐旱、耗水量少的植物种，进行最节水的灌溉管理方式。那么在不同水资源条件下，究竟可以种多少植被？这也就是国内较早的关于植被承载力的观念雏形。植被承载力是指在特定的环境条件下，单位地表面积上植被生长的最大数量，反映的是相对稳定的自然或人工生态系统在当前和未来的发展能力。而在水分相对稀缺的地区，也就是关君蔚所说的干旱绿洲区域，这里植被的生长受到土壤水分补给能力限制。因此，现在通常将土壤水分作为载体来描述干旱地区的植被承载力。只有考虑到有限的土壤水分所能承受的植被的最大载荷，严格按照地区水资源植被承载能力合理建设绿洲防护体系，才是符合可持续发展理念的做法以及贯彻科学绿化原则的做法。

在以关君蔚等为代表的老一辈科学家提出"建设林草，科学用水"的号召后，关于干旱半干旱地区水资源的植被承载能力的研究成为水土保持学、生态学、林学等多学科的研究热点之一。众多学者在干旱、半干旱地区开展了大量的相关研究，研究结果均认为在水资源限制的条件下，存在植被建设的最高阈值。但受研究方法和计算方式等差异，具体结果也不尽相同，对实际生产的指导存在一定的局限性。不过，已有研究提出，黄土高原植被营建总体已经达到可持续水资源极限，其结果在关君蔚点明要"科学用水建设绿洲防护体系"后，再一次为干旱、半干旱地区的生态恢复与建设工程敲响了警钟。

经过关君蔚等林业工作先驱者的理论指导和躬身实践，绿洲防护体系成为维系绿洲稳定和可持续发展的多林种、多结构、多层次绿色生态屏障。40多年的实践证明，建设高效、节水、养水型绿洲防护体系，是防沙治沙和保护绿洲稳定的最有效、最直接、最经济措施，在筑牢西部生态安全屏障、确保粮食与人民生命财产安全、促进区域经济与社会稳定发展中发挥着十分关键的作用。

2020年6月，国家发展和改革委员会、自然资源部与科学技术部等9个部门编制的《全国重要生态系统保护和修复重大工程总体规划（2021—2035年）》中，把绿洲防护体系建设纳入了北方防沙带生态保护和修复重大工程规划范围。2022年1月，国家林业和草原局、国家发展和改革委、自然资源部、水利部联合印发《北方防沙带生态保护和修复重大工程建设规划（2021—2035年）》，对科学开展绿洲林草植被保护和修复、提高水源涵养能力、筑牢西部生态屏障提出了新的要求。

近些年，国家高度重视科学开展国土绿化工作中的"林水关系"。2021年5月，国务院办公厅印发的《关于科学绿化的指导意见》中明确提出：要充分考虑水资源的承载能力；绿洲农业区要充分考虑水资源条件，加强天然绿洲和生态过渡带保护，兼顾绿洲保护和农田防护林用水需求。绿洲的防护体系应该是有限目标，即以最少的耗水达到维护绿洲安全的目的，而不是要木材生产量。这不仅是因为在干旱地区生产木材的资源成本远远高于地带性森林生产的成本。更重要的是，在绿洲防护体系中大面积盲目营造速生丰产用材林极有可能会造成水资源挤兑，使生态系统遭到破坏和退化，造成不可控的巨额损失。

关君蔚重视干旱地区绿洲保护，重视绿洲水资源保护的思想以及有关学术观点，不仅引领着林业生态工程的发展，也必将为我国乃至世界的生态文明建设提供理论依据与支撑。

三、"以水定产"需要"林草先行"

在人类发展历史上，古今中外都认为水灾是威胁人类安宁的最大灾害，但时至今日，无论从受灾的土地面积，还是其发生的频率和持续时间，洪灾都小于旱灾。水灾和洪涝起因于水多，修好堤坝，排入湖海，就可求得安全。而水资源的亏缺和旱灾，则是水少，甚至没水，当更困难。

我国西北地区内陆沙地多属高原，幸而仍处于环山盆地得有少量珍贵的高山融雪之利，"物以稀为贵""以水定产，水贵于油"并非过激之词。面对现实，要改变过去"喝凉水不要钱"的老习惯，做到饮水思源，等价交换。在我国，防沙固沙工作源远流长，西北地区以畜牧业为主的少数民族地区为防风治沙，保护草场，世代相传，严禁动土，总结出的"寸草遮丈风"也符合现代科学的道理。所以关君蔚提出，在风沙地区为维护生物生产的持续发展，其突出的特点就是在"以水定产"的基础上要"林草先行"。

"以水定产"需要"林草先行"，是关君蔚基于西北地区内陆风沙环境提出的发展理念。其核心含义在于，在造林植草的基础上，增加植被，使该地区的生态环境得到改善，以提高该地涵养水源能力；再以区域水资源、水生态、水环境承载能力为刚性约束来确定产业布局、产业结构与产业规模，统筹考虑水资源本底条件与区域经济社会发展优势条件，以水资源可持续利用支撑经济社会高质量发展。其初衷在于为西北地区畜牧业的发展提供良好保障，在"林草先行"的基础上，再"以水定产"，充分发挥西北地区发展畜牧业的生产潜力。

我国西北地区地理气候条件特殊，水资源极度短缺，水资源问题已成为经济社会可持续发展和良好生态环境维持的最大制约和短板，该地区生态恶化趋势尚未得到遏制，可采森林资源枯竭，森林生态功能严重衰退，沙化土地扩展，水土流失严重。对此，加强生态环境建设，才能更好地保护、开发、利用自然资源的治本之策，确保农业可持续发展。要根据各个地区不同的气候水文条件，进行科学规划，本着因地制宜和生态优先的原则，科学制定林种、树种和草种的种植比例，防止重林轻草或重草轻林。在努力探索"林草先行"合理模式的基础上，积极完善水利设施，推广节水灌溉技术，大力营造生态型、多功能型的生态环境，不断进行模式创新，大胆探索"以水定产"的新思路、新途径，千方百计为当地产业可持续发展提供质量保障。

关君蔚提出的"以水定产"需要"林草先行"理论，对全国各地生态环境的改善，对各地的经济发展都起到了引领和指导作用。在我国生态环境恶化、水土流失严重和气候十分干旱的地区，人民生活贫困的主要原因之一就是植被遭破坏，自然生态环境恶劣，农业生产得不到保障。植被越差，降雨越少，就越容易陷入生态的恶性循环。从长远看，这些地区需要可持续合理造林种草、增加植被，涵养水源，才能从根本上解决干旱缺水问题，不然就永远难以摆脱靠天吃饭的被动境地，要把可持续造林种草、绿化荒山作为利在当代、恩泽子孙的伟大事业，一年接一年、一代接一代地干下去。

随着时代发展，国家对于绿色、可持续发展的要求逐渐提升，"以水定产"需要"林草先行"理论在越来越多的地区，以新的面貌发挥着重要的作用，其本身在实践中也逐渐得到了丰富和完善。

（一）以水定产，以水定林

"以水定产"的理念由关君蔚在1996年首次提出，其核心是社会经济发展模式必须适应水资源承载能力，意为当地的经济发展需由本地的水资源承载能力来决定。该理念在实践中不断得到验证与补充，适用地区也从一开始的西北干旱地区扩展到了更多水资源较丰富地区，为我国的生态建设、经济建设填筑了崭新的活力，也在我国的农业、经济产业发展的过程中发挥着重要的作用。

2015年，河北省隆化县构建"以水定产"新格局，坚持围绕"一主两辅"农业产业发展战略，实施水利项目跟进机制，共总结出兴水与兴业并举的3条经验：一是农业发展定产业前先摸清水资源家底，根据本区域水资源状况，发展适宜本辖区的农业产业；二是农业产业发展定地点时先找好水源，政府在园区建设之初应将水源问题与地块位置、面积、土地流转等问题一并考虑；三是确定合理的投入产出比，在水利项目资金有限的情况下，做好水利项目投入与效益产出比分析，争取把水利项目向水源条件良好、土地流转集中连片、产业发展有一定基础的项目区集中，确保水利项目发挥最大的支撑和保障效益。

2018年，河北黑龙港流域实施"以水定产"，实现生态富民。以河北省邢台市为例，由于黑龙港流域的水资源禀赋已不适合种植耗水量大的冬小麦、棉花等作物，该地按照"以水定地、以水定产"的原则，逐步建立起与当地自然资源禀赋条件相适应的种植结构。以发展节水型高效农业为重点，积极探索冬小麦的种植模式，大力推广冬小麦节水稳产配套技术、水肥一体化节水技术、蔬菜膜下滴灌水肥一体化节水技术等，全面推进设施节水、农艺节水、机制节水、科技节水，探索出一条节水压采、稳粮高产、低耗高效农业种植结构调整之路。

2021年，西北地区落实"以水定产"的问题与对策，贯彻落实党的十九届五中全会精神及习近平总书记系列重要讲话精神，关于坚持"以水定城、以水定地、以水定人、以水定产"，把水资源作为最大刚性约束的重要部署，聚焦西北地区陕西、甘肃、青海、宁夏、新疆5个省（自治区），分析西北地区落实"以水定产"的难点与存在问题，更好地促进政府和市场协同发挥作用，提出推进"以水定产"落实的对策建议，不断强化水资源的刚性约束，支撑经济社会高质量发展。

在国际上，"以水定产"也以多样的方式发挥着重要的作用。加拿大阿尔伯特省采用"以水定产"测土施肥技术体系，考虑了肥料效应与作物水分、土壤测定值之间的关系，可以将土壤测定值直接应用到效应模式中，达到测土施肥的目的。西班牙埃布罗流域作为地中海最易发生水资源短缺危机的代表地区之一，由于平均降水减少、平均气温上升和用水量增加，河流流量呈负增长趋势，在此背景下，他们开发了一个综合水资源模型框架，以评估当前和未来水资源满足生活和农业用水需求以及环境流量需求的能力，该模型能进行复杂变化情景下的水需求能力的完整分析，为决策提供支持。美国加利福尼亚州农业水文模型（SWAP），描述了经济变量与水文网络模型或其他生物物理系统模型直接相互作用的农业生产和用水模型的校准方法，通过评估干旱条件下的潜在水转移，能将区域生产功能与供水网络联系起来。

我国地域辽阔，各地自然条件和经济社会发展状况都存在很大差异，必然要求我们在进行生态治理时，要根据区域差异实行差别化治理措施。因此，必须遵循生态系统内在的机理和规律，科学规划、因地制宜、分类施策，打造与区域特征相适应的多样化的生态系统。要充分考虑地理气候等自然条件、资源禀赋、生态区位等特点，坚持保护优先、自然恢复为主的方针，科学布局全国重要生态系统保护和修复重大工程，严格落实工程方案科学论证和影响评价制度，优化要素配置和工程措施，宜封则封、宜造则造、宜保则保、宜用则用、宜乔则乔、宜灌则灌、宜草则草、宜田则田，增强生态治理的科学性、系统性和长效性。要坚持以水定绿、量水而行，以多样化乡土树种、草种为主，科学造林、种草，合理配置林草植被，着力提高生态系统自我修复能力，增强生态系统稳定性，促进自然生态系统质量的整体改善和生态产品供给能力的全面提升。

"以水定产"理念的最新表述为以水资源作为最大的刚性约束，依靠科技进步和管理水平的提升，在统筹考虑水资源、水生态、水环境等本底条件和区域经济发展优势下，优化产业结构、规模和布局，实现社会、经济、生态的协调可持续发展。未来，为了更好地贯彻以水定产理念，建议将"以水定产"要求写入政策法规和相关规划，构建各相关部门通力协作的工作模式，加快完善相关体制机制，建立水资源的强制性约束。只有这样，才能促进构建与全面建成小康社会相适应的水安全保障体系，发挥水利支持国民经济社会发展的基础性、战略性作用，为实现水资源刚性约束作用提供保障。

水资源不仅是一个地区产业发展的基础资源，掌握经济兴衰，更是一个地区绿色可持续能力的体现，水作为生命之源，有水才有绿水青山，而在追求绿色同时，切忌舍本逐末，而应以水定林。我国近年来全面加强生态保护，不断加大生态修复力度，自然生态系统总体趋于稳中向好。但系统观念仍不强，统筹协调机制仍不健全。有些缺水地区过度搞绿化，过度消耗地下水，以致生态系统总体上质量不高、功能不强。对此关君蔚提出要坚持尊重自然、科学治理，以水资源承载力为约束，做到"以水定绿、以水定林、量水而行"。坚持"以水定产，以水定林"，要始终把水资源作为最大的刚性约束，平衡经济发展与生态建设之间的良性关系，才能坚定走绿色、可持续的高质量发展之路。

（二）林草先行，维护生物可持续发展

我国森林植被营建和经营已经体现出林草先行、防沙治沙的重要作用。我国重大林业生态工程实施以来，营建区域的土壤沙化问题得到有效遏制。据统计，2000—2015年，我国沙化最严重的几个省份，沙化面积累计减少了5247km^2，其中极严重沙化面积减少8.54km^2，中度和重度沙化面积累计减少7.86km^2。实践证明"治水之本在于治山，治山之要在于兴林"是符合客观规律的，植树、种草是解决生态灾难的根本措施，生态灾难只能用改善生态的办法来治理。林草先行，方能改善生态环境，维护生物可持续发展。

内蒙古阴山北麓丘陵区的生态恢复建设以关君蔚的"林草先行"理论为先导，取得了较好的生态效益。该区属于我国四大生态脆弱带之一的北方农牧交错带中段，是典型的脆弱生态环境区。由于过去片面追求生产效益，不合理开垦农田，使坡耕地面积逐年扩大，牧业用地逐年减少，草场退化严重。在此背景下，当地有关部门以林草建设为核心，注重调整土地利用结构，运用最优规划和复合农林设计法作出土地利用结构调整规划，设计出农田林网、混牧林业、生态经济林等林草种植体系，在此基础上合理布局了林草建设工程和林木为主的农田防护体系。在这种措施的提出和运用之下，当地风蚀沙化、水土流失程度大大降低，土壤保水保肥能力不断增强。仅通过5年的林草建设与生态恢复，就使林草覆盖率和沙化土地治理率分别提高了16%，生态环境得到明显改善，保证和促进了当地农牧业生产的可持续发展。

2021年，内蒙古各级林草部门继续深入贯彻落实绿色生态文明思想，林草各项工作迈上新台阶，国土绿化取得新成效。截至2021年11月底，全区完成造林438万亩、种草1379.4万亩、防沙治沙530.3万亩；林草资源保护实现新突破，把保护草原森林作为内蒙古生态系统保护的首要任务，统筹处理生态保护与高质量发展的关系，林草治理能力明显提升；林草领域改革持续深化，林长制有序有力推进，全面建立了自治区、盟市（森工集团）、旗县（森工公司）三级林长体系，制定了林长会议、督查、部门协作、信息公开、林长巡查5项工作制度，在全国率先开展为期3年的草原保险试点，参保草原面积3700余万亩，有效提升了草原承包经营者的风险抵御能力；林草湿碳汇先行先试，多途径推动增绿增汇，探索林草碳汇产品价值实现机制，生态系统碳汇能力进一步提升。内蒙古坚定不移走"林草先行"道路，突出重点，聚力攻坚，为"十四五"规划生态文明建设实现新进步打下了坚实基础。

"林草先行"理念的成功贯彻落实，使一块一块的绿色方阵牢固地占领了风沙肆虐的地区，风小沙息、天晴水清，墨绿、浅绿、嫩绿代替了黄色，流沙被治服。不仅打败了西北地区长期肆虐的风沙灾害，更为我国多个地区的经济复苏、产业发展提供了良好的先决条件。2017年，党的十九大报告首次提出乡村振兴战略，并成为决胜全面建成小康社会的"七大战略"之一。乡村振兴，最大的优势在生态，而生态的建设主体在林草业，林草业既是国家重要的公共事业，也是国民经济重要的基础产业，更是大农业的重要组成部分。因此，林草部门在乡村振兴战略中的地位举足轻重，发挥的作用不可替代。

当然，"林草先行"理念也需具体情况具体分析。对于依靠热带森林为生的人们来说，森林保护本身几乎不能为人民创造除生存之外的经济机会，当同时面对保护森林和人类贫困问题时，森林及其生物多样性就无法得到长期充分保护，全球发展的经验表明，经济增长、地方发展和减贫是齐头并进的，应实施可持续的森林管理，重新设想和加强林业的作用，包括商业木材业务作为农村发展和减贫的有效途径，才有助于保护森林及其生物多样性。

新时代，以关君蔚"林草先行"、维护生物可持续发展为核心指导思想的林草管理工作取得了很好的成效，持续严格秉承该理念，将使林草业获得可持续发展的能力，并且在不断改革的过程中，将生态文明更好地融入林草管理，有力推进林草治理体系和治理能力的现代化发展，对林草业的健康发展再填助力。

在中国共产党百年华诞，"两个一百年"奋斗目标历史交汇，"十四五"良好开局之际，中国开启全面建设社会主义现代化国家新征程。关君蔚所提出的"以水定产"需要"林草先行"理念，成为无数林草工作者的指导思想，为无数从事林草行业的科研工作者提供了思路，正如关君蔚所言：科学要超前于生产，才能指导生产，但不能纸上谈兵，要把精彩的研究成果首先写在祖国的大地上，洒向人间。关君蔚宝贵的科学思想和精神财富，将成为一代又一代科研工作者的灯塔，成为后继者仰止的高山！

开展森林水文长期定位研究

关君蔚通过长期实践考察，用动态发展的眼光提出，只有长期定位研究，才可预警洪涝灾害，森林涵养水源和保护水土等功能才能长期有效且充分地发挥出来。秉承关君蔚理念，目前我国已建立了100多个森林生态系统定位观测研究站，分布在全国生态建设重点关键分区，现已经成为林水关系研究的重要组成部分，成为获取科学数据、开展野外科学实验、提升研究水平、促进原创性重大科技成果产出的重要研究平台。森林生态系统定位观测研究站为解决国家生态建设需求中的关键科技问题提供了长期基础数据，有效支撑服务国家未来发展，提升我国国际影响力。

一、森林水文长期定位观测研究

森林与水的相互作用关系是水文学领域极为重要的研究内容，是水文研究的中心议题之一。关君蔚很早就认识到了开展森林生态系统长期定位观测与"森林生态水文认识、控制与改善"的紧密关系的重要性与必要性。开展森林水文长期定位研究，获取长时间序列实测数据与观测资料，无论是对于森林与水量、森林与水质、森林与水循环机制、森林水文模型等相关研究工作，还是对于森林与水资源管理等实践活动，都具有非常重要的基础支撑作用。

在理论方面，他极具前瞻性地提出：对于人与生态系统客体一般规律的论述，说明了掌握丰富可观察变量是把握生态系统规律的重要前提。同时，关君蔚在其晚年的专著《生态控制系统工程》一书中强调：以景观生态学和控制论为理论基础的生态控制系统工程理论，其应用部分的核心就是动态跟踪监测预报系统；生态系统的控制机构可以经网络因果关系进行动态跟踪监测预报。上文提到的"生态控制系统工程"理论体系中相关观点和论述，为森林水文的长期观测和定位研究奠定了坚实的理论基础。

在实践方面，关君蔚亲自参加、指导、提出和推动了我国第一个研究森林涵养水源的专业单位——甘肃省张掖市祁连山水源林研究所（现甘肃省张掖市祁连山水源林研究院）的建立工作，被誉为在国内开创了先河，确实是创办了一件具有远见卓识，在国内罕见的大事。同时，为进一步推动祁连山森林涵养水源机理的研究，关君蔚率先牵头建立了祁连山森林生态系统定位研究站。1977—1978年夏，关君蔚先后3次深入祁连山寺大隆原始天然林区考察，开展森林水文实验观测场选址、标准地设置等现场指导工作，对研究站的森林土壤水分动态、河川径流、坡面水土流失、森林小气候以及植物群落动态变化等定位观测研究工作进行反复论证。在此期间，大到实验仪器的选购、调试，小到自制观测仪器，所有这一切有条不紊的工作程序，关君蔚都亲自制定、审查、动手干，亲自实践、验证，各项数据全部现场完成，为祁连山的森林生态系统定位研究提供了依据。历经多年建设，在关君蔚的精心筹划和不懈推动下，1993年成立了由林业部所属的祁连山森林生态系统定位研究站，从而使森林生态系统工程纳入全面、系统、长期的定位研究。关君蔚和他指导的学生在祁连山研究站开展了长期观测和定位研究，积累了大量观测数据及基础资料，有效促进了祁连山森林涵养水源效益研究，为祁连山林区的建设和发展起到了促进和推动作用。

更为重要的是，一代又一代的研究者和建设者继承了关君蔚的科学思想和实干精神，他们接过了时代的接力棒，使得我国的野外生态定位观测站如雨后春笋般建立并逐步发展壮大。根据新时期国家科技创新和各学科领域科技发展需要，我国推进建设了一系列重大基础支撑平台，改善了我国野外站观测和实验研究条件，提升了国家野外站的科学观测和实验研究水平，促进了原创性重大科技成果产出，为科技创新和社会经济可持续发展提供了支撑。

从1998年起，国家林业局建立了国家陆地生态系统定位观测研究网络（CTERN）。截至2020年底，CTERN已有210个生态站，其中森林生态站106个、草原生态站10个、湿地生态站40个、荒漠生态站26个、竹林生态站10个、城市生态站18个。从创建之初，历经20多年的发展，CTERN已成为国家林草科技创新体系的重要组成部分和基础支撑平台，为解决林业重大科学问题，建设国家重大林业生态工程，统筹推进山水林田湖草沙系统治理，提供了重要的数据支持和科技支撑。

与此同时，科学技术部发布的《国家野外科学观测研究站建设发展方案（2019—2025）》中也明确提出，通过建设和优化国家野外站系统布局，开展长期定位观测获取长期连续观测和实验数据，围绕重大科学问题开展基础研究，围绕解决国家需求中关键科技问题开展实验研究，围绕支撑服务国家未来发展开展长期系统的基础性工作，协同推进一批重大科技任务实施，促进原创性重大科技成果产出。实现在人才培养、科研成果示范推广、开放共享与服务、知识传播与科学普及等方面发挥引领示范作用，为科技创新和社会经济可持续发展提供科技支撑。

二、长期定位观测全面提升对"林水关系"的认识

鉴于林业及相关研究具有显著的长周期特征，在野外开展短期的"林水关系"研究很难获得准确的结果与规律，无法得出科学的结论。只有以发展的眼光去看问题，对林水各项指标开展动态、长期和精准的监测，才能更好地认识和探究林水关系的准确内涵，揭示森林生态系统水文功能的科学规律。

（一）动态监测"林水关系"

关君蔚通过对国内外森林水文学研究成果的分析，在大量野外考察与实践的基础上，提出了"森林水文研究应放在一个流域尺度上进行动态监测"，从闭环静态转为动态开放的重要观点。这一静一动之间的转变，蕴含着深刻的辩证思维，彰显出关君蔚敏锐的科学洞察力。在流域尺度上对各水文、环境、生态要素进行动态监测，进行流域水量平衡的动态分析，从而得到森林水源涵养作用确切的动态数据，将推动"森林水源涵养机制研究从必然王国走向自由王国"。

时至今日，动态监测仍是提升"林水关系"认识的关键环节。动态监测一方面弥补了实测数据缺失方面的不足，更为重要的是为定性化研究向定量化、模型化的转变提供了动态数据支撑。更进一步，通过系统分析监测数据，将有助于分析不同时空尺度上森林水文变化规律，理清不同时空尺度上的林水关系，分析不同的植被类型、数量及空间格局对水分循环过程的影响，得到不同水分承载力的大小，以此确定森林植被的种类、数量和格局，从而充分发挥森林的水源涵养、水土保持等功能，助力森林可持续经营与水资源合理调控。

（二）精准发现森林水文状况变化

在早期森林水文相关研究中，因缺乏长期的、可对比的数据和研究资料，难以系统、全面地反映森林水文变化过程，这一问题长期困扰着研究人员对"林水关系"的深入认识。如前文所述，通过开展森林水文长期定

位观测，获得长时间序列观测数据和资料，动态监测林水关系，可精准发现森林水文状况变化，预警洪涝灾害，提出森林植被与水资源协调管理技术对策。关君蔚利用祁连山水源涵养林研究所在寺大隆林区开展长期定位研究的数据资料（1978—1986年），精准发现该区域内森林水文状况的变化情况，进一步论证了森林具有的"雨多水多它能喝、雨少天旱它能吐"以及"水质的自净作用"等水源涵养功能。

此外，对于一些有争议或没有普遍结论的观点，如森林能够增加降水，关君蔚提出了这应从今后长期观测来解决的观点。这一观点不但为这个争议问题指出了明确的解决办法，更彰显出他辩证思想和科学求证的精神。

（三）预警洪涝灾害

森林水文长期观测以及河道断面动态监测，对于预警洪涝灾害具有重要现实意义。关君蔚在研究大兴安岭特大森林火灾灾后水土流失情况时指出，大面积森林烧毁后，应充分注意森林涵养水源作用可能发生的变化和由火灾而引起的森林水文状况的改变，需进行长期的观测，才能作出比较准确的判断。火灾后，树木被烧死，失去了林冠层原有的截持降雨和减缓雨滴动能的作用，同时地表枯枝落叶层被烧毁，草本恢复生长状况不一，造成地表裸露，加之倒木和枝桠促进地表径流汇集，极易产生土壤侵蚀。森林涵养水源功能降低，将影响森林水文状况的变化，也将直接地影响河川水文状况。除了充分认识到火灾后水土流失潜在危险性，更要重视河川水文状况变化可能引起的洪涝灾害的发生。因此，关君蔚特别提出预警和应对建议："对一些典型的河道断面进行动态监测，注视火灾后河川水文状况及其含沙量变化，并记载因泥沙淤积或因洪水刷深而导致的河床变化情况，以采取相应措施，预防洪涝灾害发生。"新时期，"十四五"规划提出了新的要求，但关君蔚"由火灾而引起的森林水文状况的改变，需进行长期的观测，才能作出比较准确的判断"的学术观点依旧时时刻刻影响着我们，为无数从事森林防洪的科研工作者提供了思路。

参考文献

保广裕, 屯虹, 戴升, 等. 黄河上游河源区不同量级降水对径流变化的影响[J]. 干旱区研究, 2021, 38(3): 704-713.

贝桂民, 王洪帅, 王兆品. 谈谈森林与水的关系[C]//山东省科学技术协会. 济南市水资源优化配置战略研究. 2004: 97-99.

毕华兴, 李笑吟, 李俊, 等. 黄土区基于土壤水平衡的林草覆被率研究[J]. 林业科学, 2007(4): 17-23.

蔡史杰. 华安水源涵养林林分改造技术及成效[J]. 林业勘察设计, 2019, 39(3): 67-70.

陈风云, 王莉, 郭雅葳, 等. 黑龙港流域实施以水定产实现生态富民的思考: 以邢台市为例[J]. 农业科技通讯, 2018(4): 45-46.

成林. 日本是怎样发展山区经济的?[J]. 广西林业科技资料, 1982, 12(4): 36-37.

成墨. 国外山区开发研究概况[J]. 山区开发, 1990, 2(1): 75.

崔鹏. 我国泥石流防治进展[J]. 中国水土保持科学, 2009, 7(5): 7-13, 31.

崔鹏. 中国山地灾害研究进展与未来应关注的科学问题[J]. 地理科学进展, 2014, 33(2): 145-152.

杜捷. 北京山区森林枯落物层水文过程模拟研究[D]. 杨凌: 西北农林科技大学, 2017.

范世香, 蒋德明, 阿拉木萨, 等. 论森林在水源涵养中的作用[J]. 辽宁林业科技, 2001(5): 22-25.

冯梅春, 马明元, 王福成. 青海云杉水源涵养林综合培育技术及效果[J]. 防护林科技, 2013(8): 91-92.

付达夫. 湖南森林与水土流失[J]. 中南林业调查规划, 1999(1): 15.

傅辉恩, 李润林. 心血浇灌祁连青松: 关君蔚先生为创建祁连山的森林水保功不可没[J]. 北京林业大学学报, 1997, 19(S1): 40-42.

葛晓敏, 卢晓强, 陈水飞, 等. 武夷山常绿阔叶林生态系统降水分配与离子输入特征[J]. 生态环境学报, 2020, 29(2): 250-259.

关君蔚, 李中魁. 持续发展是小流域治理的主旨[J]. 水土保持通报, 1994(2): 42-47.

关君蔚, 王贤, 张克斌. 建设林草, 科学用水, 增强综合防灾能力: 从"5·5"强沙尘暴引出的思考[J]. 北京林业大学学报, 1993(4): 130-137.

关君蔚. 淡水资源和农村可持续发展的动态监测[J]. 中国农业资源与区划,

1998(6): 23-27.

关君蔚. 山区建设和水土保持[J]. 四川林业科技, 1983(2): 11-21.

关君蔚. 生态控制系统工程[M]. 北京: 中国林业出版社, 2007.

关君蔚. 试论我国的淡水资源[J]. 北京林业大学学报, 1997, 19(S1): 190-196.

关君蔚. 四千年前"巴比伦文明毁灭的悲剧"不允许在二十世纪的新中国重演[J]. 北京林学院学报, 1979(0): 1-8.

关君蔚. 中国的绿色革命: 试论生态控制系统工程学[J]. 生态农业研究, 1996(2): 7-12.

关君蔚. 中国水土保持学科体系及其展望[J]. 北京林业大学学报, 2002, 24(Z1): 277-280.

郭惠清. 内蒙古中部地区小老树成因及改造途径的研究[J]. 干旱区资源与环境, 1997(4): 74-81.

郭忠升, 邵明安. 土壤水分植被承载力初步研究[J]. 科技导报, 2006, 24(2): 56-59.

国家测绘地理信息局. 第一次全国地理国情普查公报[A/OL]. (2017-04-24). http://www.gov.cn/xinwen/2017-04/24/content_5188549.htm#1.

国务院办公厅. 国务院办公厅关于科学绿化的指导意见[A/OL]. (2021-06-02). http://www.gov.cn/zhengce/content/2021-06/02/content_5614922.htm.

韩蕊莲, 侯庆春. 黄土高原人工林小老树成因分析[J]. 干旱地区农业研究, 1996(4): 107-111.

韩蕊莲, 侯庆春. 小叶杨"小老树"生长季内水分特征及光合能力[J]. 西北林学院学报, 1996(3): 38-42.

洪增林, 张洪涛, 张国伟, 等. 坚持人与自然和谐共生, 推动生态文明建设: "美丽秦巴"专家笔谈[J]. 自然资源学报, 2020, 35(2): 493-500.

侯庆春, 黄旭, 韩仕峰, 等. 关于黄土高原地区小老树成因及其改造途径的研究Ⅲ: 小老树的成因及其改造途径[J]. 水土保持学报, 1991(4): 80-86.

侯庆春, 黄旭, 韩仕峰, 等. 黄土高原地区小老树成因及其改造途径的研究Ⅰ: 小老树的分布及其生长特点[J]. 水土保持学报, 1991(1): 64-72.

侯庆春, 黄旭, 韩仕峰, 等. 黄土高原地区小老树成因及其改造途径的研究Ⅱ: 土壤水分和养分状况及其与小老树生长的关系[J]. 水土保持学报, 1991(2): 75-83.

胡利军. 新时期农村饮水安全工程建设管理探索[J]. 黄河水利职业技术学院学报, 2022, 34(1): 33-35.

胡万良, 谭学仁, 丁国权, 等. 辽东山区水源林改造后的生态与经济效益分析[J]. 东北林业大学学报, 2012, 40(2): 50-53, 92.

胡雅娟. 阴山北麓丘陵区农牧交错带林草建设与生态恢复的可持续发展分析[J]. 北方环境, 2013, 25(4): 17-19.

黄丹, 彭志, 韩玉洁. 抚育间伐对上海水源涵养林林分生长及其林下植物多样性的影响[J]. 亚热带植物科学, 2017, 46(3): 263-266.

焦醒, 刘广全, 土小宁. 黄土高原植被恢复水资源承载力核算[J]. 水利学报, 2014, 45(11): 1344-1351.

解明曙. 拳拳之心育英才: 献给我的恩师关君蔚院士80寿辰[J]. 北京林业大学学报, 1997, 19(S1): 45.

巨晓棠, 何忠俊. 加拿大Alberta省的以水定产测土施肥技术体系[J]. 干旱地区农业研究, 1998(1): 87-92.

李传文. 森林保持水土涵养水源的效应及评价[J]. 山西水土保持科技, 2006(2): 1-3.

李发站, 朱帅. 我国农村生活污水治理发展现状和技术分析[J]. 华北水利水电大学学报(自然科学版), 2020, 41(3): 74-77.

李嘉, 潘兴瑶, 牛勇, 等. 北方典型林地系统土壤水分动态和水量平衡随机模拟研究[J]. 陕西师范大学学报(自然科学版), 2017, 45(2): 80-87.

李凯, 程金花, 陈仲旭. 密云水库库滨带不同植被配置下面源污染特征分析[J]. 生态环境学报, 2019, 28(6): 1183-1192.

李莉, 朱林. 基于农村生活污水生态处理工艺研究[J]. 环境与发展, 2020, 32(1): 59-60.

李林林, 王景新. 山区可持续发展的基本理论、欧洲经验及启示[J]. 西北农林科技大学学报(社会科学版), 2018, 18(4): 34-42.

李婷婷, 陈绍志, 吴水荣, 等. 采伐强度对水源涵养林林分结构特征的影响[J]. 西北林学院学报, 2016, 31(5): 102-108.

李晓峰. 采伐强度对水源涵养林林分结构特征的影响[J]. 农业与技术, 2018, 38(9): 80-81.

李业清, 邱均牛. 试论森林水量平衡[J]. 科技创新与应用, 2012(11): 234.

栗跃跃, 王保田, 田拼. 岩溶地区红壤坡面入渗与坡面径流关系研究[J]. 河南科学, 2018, 36(3): 390-395.

刘丙霞, 任健, 邵明安, 等. 黄土高原北部人工灌草植被土壤干燥化过程研究[J]. 生态学报, 2020, 40(11): 3795-3803.

刘登伟, 王小农, 李发鹏, 等. 我国生态清洁小流域建设问题与对策研究[J]. 水利发展研究, 2014, 14(12). 1-4.

刘广全, 匡尚富, 土小宁, 等. 黄土高原生态脆弱地带植被恢复水资源承载能力

[J]. 国际沙棘研究与开发, 2010, 8(1): 13-20.

刘建立, 王彦辉, 于彭涛, 等. 六盘山叠叠沟小流域典型坡面土壤水分的植被承载力[J]. 植物生态学报, 2009, 33(6): 1101-1111.

刘建立. 六盘山叠叠沟坡面生态水文过程与植被承载力研究[D]. 北京: 中国林业科学研究院, 2008.

刘世荣, 温远光, 王兵, 等. 中国森林生态系统水文生态功能规律[M]. 北京: 中国林业出版社, 1996.

刘欣. 山区发展: 法国策略对北京的启示[J]. 北京规划建设, 2007, 21(4): 107-110.

刘煊章, 田大伦, 周志华. 杉木林生态系统净化水质功能的研究[J]. 林业科学, 1995(3): 193-199.

刘雅娴. 日本开发山区农业的经验[J]. 世界农业, 1987, 9(7): 63.

刘玉铭, 龙楠楠, 齐婕. 河北隆化县构建"以水定产"新格局[J]. 河北水利, 2015(8): 22.

刘正茂. 基于上海市生态清洁小流域建设的思考[J]. 净水技术, 2021, 40(S2): 55-60.

卢康宁, 段经华, 纪平, 等. 国内陆地生态系统观测研究网络发展概况[J]. 温带林业研究, 2019, 2(3): 13-17.

卢燕宇, 王胜, 田红, 等. 近50年安徽省气候生产潜力演变及粮食安全气候承载力评估[J]. 长江流域资源与环境, 2017(3): 107-114.

马爱云, 李永良, 祁正显. 大通县实施退耕还林(草)的做法和措施与对策[J]. 青海农林科技, 2002(S1): 18-19.

马永魁, 陈国荣, 孙天星. 黄土高原区"小老树"的成因与改造方法[J]. 黄河水利职业技术学院学报, 2001(1): 22-23.

马玉玺, 杨文治, 韩仕峰, 等. 黄土高原刺槐生长动态研究[J]. 水土保持学报, 1990(2): 26-32.

毛青. 提升农村人居环境整治行动之生活污水治理路径研究[J]. 低碳世界, 2021, 11(1): 47-48.

蒙祖焱, 崔中雨, 郭苏明. 山地传统村落水景观研究与优化设计[J]. 水利规划与设计, 2022, 34(1): 31-35, 100.

苗毓鑫, 王立, 王顺利. 祁连山水源涵养林区森林对径流过程的调节作用[J]. 现代园艺, 2017(20): 131-132.

莫康乐, 丛振涛. 考虑植被对降雨变化响应的流域水量平衡[J]. 清华大学学报(自然科学版), 2017, 57(8): 851-856.

潘云峰, 胡耀华. 美丽乡村与农村水环境治理[J]. 农民致富之友, 2013, 57(6): 222-223, 97.

彭小平, 樊军, 米美霞, 等. 黄土高原水蚀风蚀交错区不同立地条件下旱柳树干液流差异[J]. 林业科学, 2013, 49(9): 38-45.

齐明, 王海蓉, 叶金俊, 等. 选地不当致使杉木长成小老树的内在机理探讨[J]. 林业科技, 2020, 45(5): 12-16.

祁生林, 韩富贵, 杨军, 等. 北京市生态清洁小流域建设理论与技术措施研究[J]. 中国水土保持, 2010, 31(3): 18-20.

曲鹏禄, 韩丽芹, 郑念发, 等. 森林破坏对水资源和生态环境的影响[J]. 东北水利水电, 2009(10): 55-56.

饶良懿, 崔建国. 河岸植被缓冲带生态水文功能研究进展[J]. 中国水土保持科学, 2008(4): 121-128.

茹豪, 张建军, 李玉婷, 等. 晋西黄土高原水资源植被承载力分析及对策建议[J]. 环境科学研究, 2015, 28(6): 923-929.

尚海洋, 张志强, 熊永兰. 国际山区发展政策与制度热点分析[J]. 世界科技研究与发展, 2011, 33(4): 679-682, 717.

邵英男, 沃晓棠, 李云红, 等. 森林水源涵养功能研究进展[J]. 黑龙江生态工程职业学院学报, 2013, 26(3): 3-4, 26.

石培礼, 李文华. 森林植被变化对水文过程和径流的影响效应[J]. 自然资源学报, 2001(5): 481-487.

石中元. 西部开发"林草先行"[J]. 中外企业文化, 2000(12): 12-13.

孙保平. 这里留下了先生的足迹: 贺关君蔚院士80寿辰有感[J]. 北京林业大学学报, 1997, 19(S1): 50-53.

孙德泉. 井冈山国家级自然保护区水源涵养能力研究[D]. 北京: 中国地质大学, 2012.

孙即超, 干光谦, 孙其诚. 临界状态下非饱和土裂缝开裂间距[J]. 科学通报, 2009, 54(9): 1311-1314.

汤奇成. 绿洲的发展与水资源的合理利用[J]. 干旱区资源与环境, 1995(3): 107-112.

唐邦兴, 柳素清, 刘世建. 我国山地灾害及其防治[J]. 山地研究, 1996, 14(2): 103-109.

王爱娟, 章文波. 林冠截留降雨研究综述[J]. 水土保持研究, 2009, 16(4): 55-59.

王辉源, 宋进喜, 孟清. 秦岭水源涵养功能解析[J]. 水土保持学报, 2020, 34(6):

211-218.

王金凤, 李平, 马翠萍. 世界山区可持续农业农村发展进展(SARD-M)及启示[J]. 经济问题探索, 2012, 33(4): 64-67.

王克海. 日本是怎样发展山区经济的[J]. 内蒙古林业, 1981, 26(12): 2-4.

王礼先, 刘霞. 生态环境建设的区域配置[J]. 水土保持学报, 2002, 16(5): 1-5.

王礼先, 张志强. 森林植被变化的水文生态效应研究进展[J]. 世界林业研究, 1998(6): 15-24.

王宁, 毕华兴, 郭孟霞, 等. 晋西黄土残塬沟壑区刺槐人工林土壤水分植被承载力研究[J]. 水土保持学报, 2019, 33(6): 213-219.

王熹, 王湛, 杨文涛, 等. 中国水资源现状及其未来发展方向展望[J]. 环境工程, 2014, 32(7): 1-5.

王亚蕊. 基于土壤水分植被承载力的叠叠沟小流域植被优化配置[D]. 北京: 中国林业科学研究院, 2016.

王延平, 邵明安. 陕北黄土丘陵沟壑区杏林地土壤水分植被承载力[J]. 林业科学, 2009, 45(12): 1-7.

王彦辉, 金旻, 于澎涛. 我国与森林植被和水资源有关的环境问题及研究趋势[J]. 林业科学研究, 2003(6): 739-747.

王友芳. 水源涵养林的规划原则和体系综述[J]. 林业勘查设计, 2004(1): 20-21.

王玉阳, 陈亚鹏. 植物根系吸水模型研究进展[J]. 草业学报, 2017, 26(3): 214-225.

魏天兴, 朱金兆. 黄土区人工林地水分供耗特点与林分生产力研究[J]. 土壤侵蚀与水土保持学报, 1999(4): 45-51.

魏天兴. 小流域防护林适宜覆盖率与植被盖度的理论分析[J]. 干旱区资源与环境, 2010, 24(2): 170-176.

吴钦孝, 赵鸿雁, 刘向东, 等. 森林枯枝落叶层涵养水源保持水土的作用评价[J]. 土壤侵蚀与水土保持学报, 1998(2): 24-29.

吴钦孝. 黄土高原的林草资源和适宜覆盖率[J]. 林业科学, 2000(6): 6-7.

吴绳聚, 孟昭福, 刘文环. 森林对水环境影响浅议[J]. 防护林科技, 1994(2): 22-24.

吴秀芳. 迁西县库区防治水土流失建设库区水源涵养林技术及效果[J]. 河北林业科技, 2020(3): 30-33.

肖娟花, 于兴修, 马方正, 等. 生态清洁小流域综合效益评价研究进展[J]. 中国水土保持, 2020, 41(3): 62-65.

忻富宁, 姚海英, 孙峰. 浅析提高林草科技治理能力的主要措施[J]. 种子科技, 2020, 38(20): 137-138.

许炯心. 黄土高原植被－降水关系的临界现象及其在植被建设中的意义[J]. 生态学报, 2005(6): 1233-1239.

杨广承, 刘中亮. 从"绿水青山就是金山银山"谈当代生态文明[J]. 汉字文化, 2019, 31(10): 143-145.

杨海军, 孙立达, 余新晓. 晋西黄土区森林流域水量平衡研究[J]. 水土保持通报, 1994(2): 26-31.

杨继平. 森林与水[J]. 林业经济, 2012(10): 3-8, 11.

杨勇华. 意大利山区开发对江西丘陵山区农业发展的启示[J]. 江西教育学院学报(社会科学), 2003, 24(5): 33-36.

姚昌恬, 高广文. 意大利山区开发建设的作法与有益启示[J]. 林业经济, 1998, 20(5): 28-36.

姚懿德. 法国山区发展及其整治[J]. 中国人口·资源与环境, 1993, 4(3): 74-78.

余新晓, 陈丽华. 黄土地区防护林生态系统水量平衡研究[J]. 生态学报, 1996(3): 238-245.

余新晓, 陈丽华. 晋西黄土地区小老树的防治与改造[J]. 干旱区资源与环境, 1996(1): 81-86.

余新晓, 周彬, 吕锡芝, 等. 基于InVEST模型的北京山区森林水源涵养功能评估[J]. 林业科学, 2012, 48(10): 1-5.

余新晓. 略论关君蔚教授的森林水源涵养理论及其指导意义[J]. 北京林业大学学报, 1997, 19(S1): 104-107.

余新晓. 森林生态水文研究进展与发展趋势[J]. 应用基础与工程科学学报, 2013, 21(3): 391-402.

俞卫军, 高永胜. 美丽乡村水景观构建的初步研究[J]. 中国水能及电气化, 2017, 13(8): 58-61, 66.

禹桂芳, 马春英, 何宁, 等. 水量平衡理论在林业生产中的应用[J]. 陕西林业科技, 2008(2): 53-55.

袁仁茂, 王晓东, 杨晓燕. 山地灾害地貌与水土流失[J]. 水土保持研究, 2001, 17(2): 96-99.

战宝玉, 唐艳玲, 李玉海. 森林植被对水环境的保护作用分析[J]. 水利科技与经济, 2010, 16(3): 281-282.

张灿强, 李文华, 张彪, 等. 基于土壤动态蓄水的森林水源涵养能力计量及其空间差异[J]. 自然资源学报, 2012, 27(4): 697-704.

张丹, 王境, 王艺璇, 等. "以水定产"的经验、问题及建议[J]. 水利经济, 2021,

39(2): 82-85, 98.

张定海, 李新荣, 张鹏. 生态水文阈值在中国沙区人工植被生态系统管理中的意义[J]. 中国沙漠, 2017, 37(4): 678-688.

张洪江, 杜士才. 重庆四面山森林植物群落及其土壤保持与水文生态功能[M].北京: 科学出版社, 2010.

张洪江, 关君蔚. 大兴安岭特大森林火灾后水土流失现状及发展趋势[J]. 北京林业大学学报, 1988(S2): 33-37.

张建新, 邓伟, 张继飞. 国外山区发展政策框架与启示[J]. 山地学报, 2016, 34(3): 366-373.

张瑞美, 王亚杰, 杨钢. 西北地区落实"以水定产"的问题与对策[J]. 水利发展研究, 2021, 21(5): 33-37.

张占雄, 王延平. 陕北黄土区陡坡柠条林地雨水转化及土壤水分承载力[J]. 水土保持研究, 2010, 17(5): 80-85.

中国自然资源报. 民革中央建言: 统筹山水林田湖草沙系统治理, 推进生态高质量发展[EB/OL]. [2021-03-10]. https://m.thepaper.cn/baijiahao_11643406.html.

周晓峰. 中国森林与生态环境[M]. 北京: 中国林业出版社, 1999.

周择福, 林富荣, 宋吉红. 不同经营模式的水源涵养林生态防护功能研究[J]. 林业科学研究, 2003(2): 189-195.

朱金兆, 刘建军, 朱清科, 等. 森林凋落物层水文生态功能研究[J]. 北京林业大学学报, 2002(Z1): 30-34.

BERNDES G. Bioenergy and water: the implications of large-scale bioenergy production for water use and supply[J]. Global Environmental Change, 2002, 12(4): 253-271.

BONNESOEUR V, LOCATELLI B, GUARIGUATA M R, et al.Impacts of forests and forestation on hydrological services in the Andes: A systematic review[J]. Forest Ecology and Management, 2019, 433: 569-584.

BRANTLEY S L, EISSENSTAT D M, MARSHALL J A, et al. Reviews and syntheses: on the roles trees play in building and plumbing the critical zone[J]. Biogeosciences, 2017, 14(22): 5115-5142.

BRODRIBB T J, FEILD T S. Stem hydraulic supply is linked to leaf photosynthetic capacity: Evidence from New Caledonian and Tasmanian rainforests[J]. Plant Cell and Environment, 2000, 23(12): 1381-1388.

CARLOS A N, SELLERS P J, SHULIA J. Amazonion deforestation and regional climate change[J]. J Clim, 1991(4): 957-988.

DUKU C, HEIN L.The impact of deforestation on rainfall in Africa: a data-driven assessment[J]. Environmental Research Letters, 2021, 16(6): 064044.

DUNKERLEY D. Percolation through leaf litter: What happens during rainfall events of varying intensity?[J]. Journal of Hydrology, 2015, 525: 737-746.

EISALOU H K, ENGNUL K, G KBULAK F, et al. Effects of forest canopy cover and floor on chemical quality of water in broad leaved and coniferous forests of Istanbul, Turkey[J]. Forest Ecology and Management, 2013, 289: 371-377.

FENG X, FU B, PIAO S, et al. Revegetation in China's Loess Plateau is approaching sustainable water resource limits[J]. Nature Climate Change. 2016, 6(11): 1019-1022.

GE S, JAMES V. Forest management challenges for sustaining water resources in the Anthropocene[J]. Forests, 2016, 7(3): 68.

GIMENO L, STOHL A, TRIGO R M, et al. Oceanic and terrestrial sources of continental precipitation[J]. Reviews of Geophysics, 2012, 50(4).

HADIWIJAYA B, ISABELLE P E, NADEAU D F, et al. Observations of canopy storage capacity and wet canopy evaporation in a humid boreal forest[J]. Hydrological Processes, 2021, 35(2): e14021.

HUBBARD R M, RYAN M, STILLER V, et al. Stomatal conductance and photosynthesis vary linearly with plant hydraulic conductance in ponderosa pine[J]. Plant, Cell & Environment, 2001(24): 113-121.

KEITH D M, JOHNSON E A, VALEO C. Moisture cycles of the forest floor organic layer (Fand H layers) during drying[J]. Water Resources Research, 2010, 46(7): 227-235.

KLAMERUS-LWAN A, LASOTA J, Bło ń ska E.Interspecific variability of water storage capacity and absorbability of deadwood[J].Forests, 2020, 11(5): 575.

KNIGHTON J, SINGH K, EVARISTO J. Understanding catchment-scale forest root water uptake strategies across the continental united states through inverse ecohydrological modeling[J]. Geophysical Research Letters, 2020, 47(1): e2019GL085937.

KYUSHIK O, YEUNWOO J, DONGKUN L, et al. Determining development density using the Urban Carrying Capacity Assessment System[J]. Landscape Urban Plan, 2005, 73: 1-15.

LI X, NIU J, XIE B. The effect of leaf litter cover on surface runoff and soil erosion in Northern China[J]. PLOS ONE, 2014, 9(9): 1-13.

LIU J, MA L, XIE M, et al. Effect of runoff and sediment reduction of different treatment by litter of pinus tabulaeformis[J]. Journal of Soil and Water Conservation. 2019, 33(4): 126-132.

MILANO M, RUELLAND D, DEZETTER A, et al. Modeling the current and future capacity of water resources to meet water demands in the Ebro basin[J]. Journal of Hydrology, 2013, 500: 114-126.

MOMIYAMA H, KUMAGAI T, EGUSA T. Model analysis of forest thinning impacts on the water resources during hydrological drought periods[J]. Forest Ecology and Management, 2021, 499: 119593.

MONTGOMERY B L. The regulation of light sensing and light-harvesting impacts the use of cyanobacteria as biotechnology platforms[J]. Frontiers in Bioengineering and Biotechnology, 2014, 2: 22.

NAMBIAR S. Tamm review: Re-imagining forestry and wood business: pathways to rural development, poverty alleviation and climate change mitigation in the tropics[J]. Forest Ecology and Management, 2019, 448: 160-173.

POCA M, CINGOLANI A M, GURVICH D E, et al. The degradation of highland woodlands of central Argentina reduces their soil water storage capacity[J]. Ecología Austral, 2018, 28(1bis): 235-248.

POSTEL S L, THOMPSON B H. Watershed protection: capturing the benefits of nature's water supply services. In Natural Resources Forum, 2005, 29: 98-108.

SHAO M, WANG Y, XIA Y, et al. Soil drought and water carrying capacity for vegetation in the critical zone of the Loess Plateau: a review[J]. Vadose Zone Journal, 2018, 17(1).

SULLIVAN T J, MOORE J A, THOMAS D R, et al. Efficacy of vegetated buffers in preventing transport of fecal coliform bacteria from pasturelands[J]. Environmental Management, 2007, 40: 958-965.

TANAKA-ODA A, KENZO T, KORETSUNE S, et al. Ontogenetic changes in water-use efficiency (δ 13C) and leaf traits differ among tree species growing in a semiarid region of the Loess Plateau, China[J]. Forest Ecology & Management, 2010, 259(5): 953-957.

WANG X P, SCHAFFER B E, YANG Z, et al. Probabilistic model predicts dynamics of vegetation biomass in a desert ecosystem in NW China[J]. Proceedings of the National Academy of Sciences of the United States of America, 2017, 114(25): e4944.

WANG Z, LIU G, WANG B, et al. Litter production and its water holding capability in typical plants communities in the hilly region of the Loess Plateau[J]. Acta Ecologica Sinica, 2019, 39(7): 2416-2425.

YI C, RUSTIC G, XU X, et al. Climate extremes and grassland potential productivity[J]. Environmental Research Letters, 2012, 7(3): 035703.

YU E, ZHANG M, XU Y, et al.The development and application of a GIS-based tool to assess forest landscape restoration effects on water conservation capacity[J]. Forests, 2021, 12(9): 1291.

第五章

生态控制系统工程学术思想

第一节

生态控制系统工程的理论内涵、科学基础及哲学基础

关君蔚从东方思维的视角，基于非平衡热力学，分析了生态系统的网络结构、内部关联以及演化机制，对人与自然的有机协调关系进行了论述，提出了生态控制系统工程理论，对指导我国生态文明建设具有重要的意义。

一、生态控制系统工程的理论内涵

在《生态控制系统工程》一书中，关君蔚对生态控制系统工程给出了如下定义：生态控制系统工程是在东方思维的指导下，面对人类赖以生存的地球，就可再生的水、土和生物等资源环节，要以既能满足当代人及其后代的需要，又能保持相对稳定持续发展为目标；伴随科学发展，运用控制论的方法，以系统动力学中运动稳定性为基础及其推导的方法为依据，经系统分析、研究，进行动态跟踪监测预报，达到控制生物生产和生态系统的动态向稳定持续方向发展的一门综合性系统科学。

生态控制系统工程理论的提出有其历史背景。20世纪后半期以来，人口爆炸、环境污染和资源枯竭逐渐成为时代关切，催生出"可持续发展"这一理念和发展模式。1987年，世界环境与发展委员会发布了报告《我们共同的未来》（*Our Common Future*），正式提出了"可持续发展"理念，定义为既能满足当代人的需要，又不对后代子孙的福祉构成危害的发展模式。1992年，在巴西里约热内卢召开的联合国环境与发展大会上（又称地球高峰会议），各国就可持续发展达成了共识，并通过了《里约环境与发展宣言》等文件。正如关君蔚在《生态控制系统工程》一书中所指出的，如果继续依靠大量消耗地球岩石圈储存的化石能源以及各类物质元素的发展模式，必将引发元素地球化学循环的阻滞、失稳和失衡，这是工业革命带来的必然结果。当前，人类活动已然触碰到环境生态系统

的边界，一方面，人类社会经济系统从环境中取用资源并向环境排放废弃物，对环境造成了难以逆转的影响；另一方面，飓风、热浪、洪水等极端气候对社会经济系统造成了极大的冲击。生态系统自身的复杂性，以及人类活动与生态系统间错综复杂的网络关联，对认识生态系统的演化，增加了极大的不确定性。

关君蔚指出，生态系统是生物和环境相互影响和制约的综合整体，是随时间在空间不断变化的复杂巨系统。面对这一"复杂巨系统"，需要用系统工程的方法，影响和调控它向有利于人类的方向发展，不仅是在属性上要包括人类在内，而且必然要深远地涉及更为复杂宏大的社会经济系统，而这也是生态控制系统工程科学所面临的难点所在。

对于生态系统的工作机制，关君蔚指出，应该重点分析在事物运动和变化过程中，繁多因素相互之间的因果关系，这也常被称为网络工作。其中特别值得注意的是，他指出在生态控制系统工程中，建议使用仿生式的蛛网方法，如人工神经网络。近10年间，各类网络分析方法（如社会网络分析、复杂网络分析、生态网络分析）的快速发展，充分说明了关君蔚思想的前瞻性，其中人工神经网络算法，在当前基于大数据和机器学习的信息时代，更是得到了广泛的发展，在自动控制、模式识别、生物、社会经济等领域，均展示了良好的实用性。近年来在传统水土保持领域，人工神经网络方法在水土流失、土壤侵蚀等领域也成功地解决了许多经典模型难以解决的问题。

二、生态控制系统工程的科学基础

阿尔伯特·爱因斯坦曾说过："一个理论，其前提越简单，所涉及事物的种类越多，应用范围越广，它给人的印象就越深刻。因此，经典热力学给我留下了深刻的印象。它是唯一普适的物理理论，我坚信它在其基本概念的适用范围内永远不会被推翻。"

这一表述是爱因斯坦对于热力学的著名评价，作为物理学历史上（抑或说是人类科学历史上）抽象性和普适性最强的一门学问，热力学从诞生至今，受到了包括玻尔兹曼、普朗克、爱因斯坦等科学巨匠的青睐。耐人寻味的是，关君蔚在探寻生态控制系统现代科学基础的过程中，同样将目光投向了热力学。正如他所言，19世纪由卡诺、克劳修斯和开尔文开创的经典物理学，基本上是平衡态热力学，其研究对象为简单系统，描述的过程为线性非平衡过程。尤为值得注意的是，热力学第二定律（也称为熵定律）指向一个逐渐均匀的未来[1]，如汤姆逊所说，熵定律表明自然界中存在一种使机械能逐渐减损（熵逐渐增加）的普遍趋势，或者说是自然界中能够产生效应的差别在逐渐减少。熵定律在分子热运动等领域取得了极大成功，玻尔兹曼基于原子假设以$S=K\log\Omega$这一美妙形式[2]，石破天惊般地给出了熵的定量表述，实现了从微观层次到宏观层次的过渡，玻尔兹曼熵方程直接引起了包含量子力学波动方程[3]，等近代物理学基石的诞生。用关君蔚的话说，玻尔兹曼在物理学的领域完成了类似达尔文的丰功伟绩。

平衡态反映了大量微观粒子活动的统计规律性，如关君蔚提到的，按照定义它们在整体水平是稳定的，一旦形成就会被孤立起来并无限地存在下去，而不会与环境发生相互作用，然而生态系统多为开放性复杂系统，无论是整个生物圈或是它的组成部分（一个细胞或是一个城市），都存在于远离平衡态，他们的存在是靠着从外界交换物质和能量流来维系的。相较于熵增定律将世界描绘成从有序到无序的演变过程，生物或社会的演化却是以一种完全相反的方向进行，即由简单性中出现复杂性，而非平衡（或者说是不可逆性）正是有序性的源泉[4]。关君蔚用"无中生有"来描述这一演化过程，可谓入木三分。

非平衡热力学领域的集大成者当属比利时物理学家伊利亚·普利高津。关君蔚在《生态控制系统工程》一书中对普利高津给予了极高的评价，并大量引用了普利高津的言论。普利高津指出：热力学第二定律以及统计力学，所揭示的是孤立系统在平衡态和准平衡态条件下的规律，但在

1　这其中暗含了宇宙学层面的意义，熵增定律像是一支时间之矢，指明了宇宙演化的方向，基于此，克劳修斯对热力学定律作出了宇宙学层面的表述，"宇宙的能量是常量；宇宙的熵趋于最大"。

2　Ω表示同宏观状态相恰的微观状态数，该公式通过引入对数函数形式，确保了熵作为一个广延量的可加性，可以说是神来之笔。

3　这是物理学历史上一段著名公案，薛定谔原本试图从相对论出发推导出波动方程，然而由于当时尚缺乏对电子自旋的认识，因此没能成功。他转而基于作用量与经典力学挂钩并凑出了载入史册的薛定谔波动方程。

4　非平衡和不可逆性在经典热力学中意味着损失，经典热力学试图通过降低能量的损失以提升热机的热效率，以期尽可能接近萨迪卡诺所导出的理想热机效率。而对于开放系统，非平衡和不可逆性则恰恰成为生命演化的驱动力。

开放并且远离平衡的情况下，系统通过和环境进行物质和能量交换，一旦某个参量达到一定的阈值，系统就有可能从原来的无序状态自发转变到时间、空间和功能上的有序状态，这种在远离平衡情况下所形成的新的有序结构，被普利高津称为"耗散结构"。

对于耗散结构的形成条件，普利高津在研究了大量系统的自组织过程以后指出，系统形成有序结构需要以下特点：①系统必须开放；②远离平衡态；③非线性相互作用；④涨落现象。用关君蔚的话说，耗散结构有助于形成一个使熵减少的开放体系[1]，这对于生物进化和现代文明的演化至关重要。对于生命和熵之间的关系，最佳解释当属量子力学奠基人之一薛定谔在《生命是什么？活细胞的物理面貌》（*What is Life? The Physical Aspect of the Living Cell*）一书中的表述："生命赖负熵为生"。正如关君蔚所说：熵和负熵、无序和有序等概念，已经被有效地应用于人类生态学、人体工程学和其他有关的生物和社会科学；尤其是负熵的假说，早已是生态控制系统工程理论的重要依据。

受耗散结构理论和负熵假说的影响，关君蔚针对生态系统提出了"关式模式"，从这一点上说，关君蔚是普利高津和薛定谔忠诚的信徒。图5-1展示了生态控制系统关式截面模式框图。如关君蔚所说，乍一看上面的框图，会联想到电报、电话、收音机和电视，但需要注意，唯有在处理具有生命的生物及其环境时，*A*点才是直接连通的。这不仅是框图上的特

图 5-1　生态控制系统 Δ*t* 关式截面模式框图
（资料来源：关君蔚《生态控制系统工程》）

1　对于由开放系统和外部环境组成的孤立系统，整体上仍是熵增加，因此与孤立系统熵增定律不相冲突。

点，更意味着在瞬时有生命的生物及其环境所组成的生态系统，是随时间不断变化和发展的。所以，如图5-1所示，将无限的 Δt 截面模式框图连接起来，就从一个侧面表达出生态控制系统工程总体的科学面貌。

应该注意的是，关式模式的提出，在极大程度上受到了协同学等自组织思想的影响。如关君蔚所言，协同学创始人H.哈肯发现，激光是一种典型的远离平衡态时由无序到有序的现象；但他发现即使在平衡态时也有类似现象，如超导和磁铁现象。这就表明：一个系统从无序转变到有序的关键，并不在于系统是平衡或非平衡，也不在于离平衡态有多远，而是通过系统内部各子系统之间的非线性相互作用，在一定条件下，能自发产生在时间、空间和功能稳定的有序结构，这就是自组织。此外，需要注意的是，关式模式框图和著名生态学家Howard T. Odum[1]创立的系统生态学图示，具有相当程度的相似性，两者均在一定程度上借鉴了计算机和电路中的反馈机制框图，以阐释生态系统内部的网络互联关系和反馈效应。

作为20世纪最有代表性的生态学家和生态哲学家之一，Howard T. Odum创立了系统生态学，并提出了针对一般系统（general systems）的控制理论，其提出的热力学第四定律——最大功原理阐释了开放系统的自组织机制。关君蔚则以"人不为己，天诛地灭"这一谚语生动地描述了Howard T. Odum提出的热力学第四定律（即开放系统的趋利性），这一进化机制促使宏观系统由无序性形成功能稳定的有序性结构。

三、生态控制系统工程的哲学基础

庄子《齐物论》："天地与我为一，而万物与我并生"。

在《生态控制系统工程》一书中，关君蔚引用了耗散结构理论创始人普利高津的话："西方的科学家和艺术家习惯于从分析的角度和个体的关系来研究现实，而当代演化发展的一个难题恰恰是如何从总体的角度来理解世界多样性的发展。中国传统的学术思想是着重研究整体性和自发性，研究协调和协同。"普利高津对中西方的文化差异看得透彻，这种差异突出表现在哲学层面。

---

1 Howard T. Odum和其兄长Eugene P. Odum均为生态学大家，他们于1953年合著的 *Fundamentals of Ecology* 为生态学经典著作。Howard T. Odum所著 *Systems Ecology: An Introduction* 则是系统生态学的开山之作，其著作的开放性和包容性之广在科学界十分罕见。

按照怀特海的归纳，西方传统哲学大多数是柏拉图哲学的注脚，强调主客二分，人和自然不能沟通，主张基于逻辑抽象能力追求普遍统一性。柏拉图将世界分为理念世界和现象世界（自然界），理念世界为永恒存在的纯粹实体，现象世界仅仅是那不变的理念世界投射的影子。在《理想国》（ *The Republic* ）一篇中，柏拉图将人比喻为困在洞穴里的囚犯，囚犯误将火光投射的影子当作了实在，他们唯有借助理性，才能逃出现象世界的洞穴来到光天化日之下。这种哲学观奠定了经典科学的基础，即只有永恒（普适）的定律方能显现出科学的理性之光，现象界则如梦幻泡影一般受到科学家的歧视[1]。

正如普利高津所指出的，经典科学的假定是以这样的基本信念为中心的，即相信在某个层次上世界是简单的，且为一些时间可逆的基本定律所支配。近代科学的鼻祖艾萨克·牛顿在他的代表作《自然哲学的数学原理》（ *The Mathematical Principles of Natural Philosophy* ）一书的第三卷《论宇宙系统》（ *The System of the World* ）[2]展示了这样一幅宇宙图示：宇宙如同一台设置好的永动机，它按照给定的程序规则永恒地运转下去。作为牛顿之后最伟大的物理学家，爱因斯坦继承了牛顿的遗志，发现了时空的相对性并重新奠定了宇宙的基本图示。1917年，爱因斯坦提出了基于广义相对论的宇宙模型，作为一个斯宾诺莎式[3]的哲学家，爱思斯坦给出了

1　爱因斯坦对此有过生动的表述：一个有修养的人总是渴望逃避个人生活而进入客观知觉和思维的世界；这种愿望好比城市里的人渴望逃避喧嚣拥挤的环境，而到高山上去享受幽静的生活。除了这种消极的动机以外，还有一种积极的动机。人们总想以最适当的方式来画出一幅简化的和易领悟的世界图像，于是他就试图用他的这种世界体系来代替经验的世界，并来征服它。

2　《自然哲学的数学原理》第三卷的前言中有如下话语：现在我要演示世界体系的框架。

3　巴鲁赫·斯宾诺莎与笛卡尔、莱布尼兹齐名，三人被称作近代西方三大埋性主义者。斯宾诺莎主张将宇宙本身作为唯一实体，自然法则主宰宇宙，这意味着宇宙间的一切都是预先确定的（爱因斯坦表述为 God does not play dice with the universe），这一思想在其代表作《伦理学》中得到了充分阐释，斯宾诺莎在书中基于严格的几何学方法对所有命题展开论证。斯宾诺莎的哲学观点直接启发并引导了爱因斯坦在后半生对于统一场论的不懈探索，爱因斯坦坚信自然界本身作为唯一实体所固有的内在和谐，这种内在和谐应当可以通过一种简单、普遍的数学理论所表述。正如爱因斯坦所说："我相信斯宾诺莎的上帝，他在所有存在的和谐中彰显自己，而不是在一个关心人类命运和行为的上帝中表现出来。"

一个静态的宇宙图示。

然而，在利用引力场方程对宇宙进行考察时，爱因斯坦发现，自己的宇宙模型是不稳定的，宇宙不是在收缩就是在膨胀。也许是出于对斯宾诺莎式哲学的高度信奉，爱因斯坦拒绝相信一个非稳态的宇宙，他通过引入一个宇宙常数来抵消引力，以保证方程所描述的是一个静态的宇宙。多年以后，红移等表征宇宙膨胀的证据不断被发现，很好地吻合当时爱因斯坦当年提出的引力场方程结果，爱因斯坦就把宇宙常数去掉了，称其为一生中最大的错误。爱因斯坦之后，杨振宁接过了接力棒，在统一场论[1]的框架下继续向着给出普适的宇宙图示的目标前进。

如前所述，受柏拉图哲学的影响，近代科学家普遍相信自然中有一个基本的、简单的层次，现象世界正是由这样一些基本定律所支配的[2]。因此，他们所构建的世界是一个永动机式的世界，而人作为观测者从自然界中被剥离出来。这种研究范式有时也被称作还原论[3]的研究范式。关君蔚指出，我们共同探索的对象是一项复杂而庞大，已具有相应的自我意识，并有内部阻尼和受外部制约、多维非线性、耗散性结构的事物，已属开放的复杂巨系统，复杂巨系统就是这类不宜用还原论方法处理的问题，需要用基于整体（或者说基于系统的）科学方法处理的问题。

面对这类复杂巨系统，中国哲学则为我们提供了希望之光。中国传统

1　在完成了引力场的几何化后，爱因斯坦将后半生投入到统一场论的研究之中，而忽视了20世纪后半叶兴起的核物理等新兴研究领域，受到了当时一些科学家的诟病。笔者认为，爱因斯坦晚年非但没有走火入魔，他自始至终坚守了一位理论物理学家对于纯粹理性和数学之美的追求。正如杨振宁所说："他的新眼光改写了基础物理日后的发展历程。"

2　也正因为如此，他们往往相信确定性和可逆性，而讨论随机性和不可逆性。作为量子力学的奠基者之一，爱因斯坦针对量子力学中展现的随机性说出了如下的经典话语："上帝不会掷骰子（God does not play dice with the universe）。"

3　还原论又称化约论，它认为自然界中的任何实体均可以约化为某种更为简单的实体的组合，古希腊哲学家德谟克利特是这一哲学流派的代表人物，他提出的原子论思想假定万物的本源是原子和虚空，原子作为不可再分的物质微粒存在。基于还原论的哲学观伴随着18—19世纪牛顿力学观的兴起达到了前所未有的高峰，即将世界的存在约化为基本粒子及其相互作用，马克思价值理论中的抽象人类劳动即源于这一哲学观。

的哲学观强调整体性、自发性以及协同性。对于人和自然间的关系，相较于西方主客二分的思想，中国哲学的核心思想是天人合一。就存在而言，合一于天；就认识而言，合一于人。这一哲学思想出现在中国的道家学术典籍中。《老子》第二十五章写道："故道大，天大，地大，王亦大。域中有四大，而王居其一焉。人法地，地法天，天法道，道法自然。"强调人与天地万物都是自然界的平等成员，主张人类社会应该效法自然秩序，这一思想后经传教士带往欧洲大陆，对欧洲大陆启蒙运动产生了重要影响[1]。老子主张不因人类私欲而过度消费自然，正如《老子》第五十九章所言"治人事天莫若啬"，翻译成当下的话语体系就是加强生态文明建设，走可持续发展道路。作为道家的另一位代表人物，庄子继承并发展了老子的天人合一思想，《齐物论》篇讲"天地与我为一，而万物与我并生"，指出万物作为大自然中平等的成员而存在并形成一有机的整体。

在先秦时代的另一部重要文献《易传·系辞》[2]中，开篇即谈到："天尊地卑，乾坤定矣。卑高以陈，贵贱位矣。动静有常，刚柔断矣。方以类聚，物以群分，吉凶生矣。在天成象，在地成形，变化见矣。"其核心内容即是自然秩序以及宇宙万物间的相互作用。这一思想被西汉时期儒学大家董仲舒充分吸收并形成了天人感应的哲学理论，阐释了人与自然二者之间的交感作用，在当时罢黜百家、独尊儒术的背景下，天人感应思想更是直接成为大汉王朝的核心意识形态。需要指出的是，在这一历史时期，天人感应的思想主要存在于儒家名教（礼教）的框架下，随着王朝的延续，天人感应这一思想的政治意义逐渐掩盖了其哲学意义，谶纬等方术更是流弊无穷。

---

1 17—18世纪，中国工艺品大量涌入欧洲，引发了以追求中国物品为时尚的社会风潮。当时法国的整个日用器物和社会习俗等方方面面均渗透着中国文化的精神，这就是西方文化史上有名的洛可可时代。这一历史时期恰与欧洲启蒙运动相重合，莱布尼兹、伏尔泰、孟德斯鸠等启蒙运动先锋均对中国哲学表现出极大的兴趣。莱布尼兹一再强调其创立的二进制算数原理解开了无人理解的易经之谜；伏尔泰则是喊出了全盘华化的口号；重农学派创始人魁奈更是将孔子称为"哲学之王"，并在东方哲学的影响下提出了经济表模型，而这一发现被马克思誉为是"政治经济学历史上最具天才性的思想"并成为现代国民经济核算的基础，直接成就了华西里·里昂惕夫、理查德·约翰·斯通等多位诺贝尔奖获得者。

2 《易传·系辞》相传为孔子所作。

物极必反，在继汉朝之后的魏晋时期，礼教框架被冲破，以王弼、郭象为代表的魏晋名士[1]更是提出了"越名教而任自然"的理念，主张通过辨明析理以实现精神层面上的天人合一，竹林名士[1]更是提出了"越名教而任自然"的理念，主张人应当冲破社会中名教的束缚，在自然中诗意地栖居[2]。宋代理学家们则强调，天人合一的精神境界和世俗礼教并不冲突，作为"北宋五子"之一的周敦颐更是发出了"寻孔颜之乐，乐在何处"的感叹。宋代理学家们指出人、社会、宇宙三者间的统一性和有序性，试图将个人和社会纳入宇宙的道德秩序中（也即天理），主张在世俗生活中练就高明的境界。明代儒学大家王阳明则提出了心外无物的哲学论断，强调万物皆为心创造，主张个人层面的天人合一观，在某种程度上可称为程朱理学开出的一剂解毒剂。近代新儒家代表人物冯友兰则提出了人生四境界：自然境界、功利境界、道德境界、天地境界。当人自觉自己不仅是社会的一员，更是宇宙的一员时，他也即实现了天人合一的天地境界。

天人合一的哲学观极大影响了关君蔚对生态系统的思考，在《生态控制系统工程》一书中，关君蔚总结了中国素朴的天人合一思想，指出人与自然作为统一体的密不可分性。他强调应综合考虑生态系统各个部分（如山水林田湖草沙）的耦合关联方能理解系统的演化机制。同时，关君蔚在追溯天人合一哲学思想时谈到，中国哲学流派中道家和儒家两大学派的特点，道家学派侧重讲天道，儒家学派侧重讲人道，两者的共性是天人合一。

应该看到，近代西方也涌现出一些关注自然本体的哲学家，如爱默生、梭罗、里奥普德、怀特海、海德格尔，其中利奥波德[3]在其代表作《沙乡年鉴》（*A Sand County Almanac*）最终一章提出了大地伦理的思想，从整体的角度强调人和生态系统间的伦理关系，指出这种伦理关系恰是对人类最大的保护。怀特海则在其著作《过程和实在》（*Process and Reality*）

1　《世说新语》载：陈留阮籍、谯国嵇康、河内山涛三人年皆相比，康年少亚之。预此契者，沛国刘伶、陈留阮咸、河内向秀、琅邪王戎。七人常集于竹林之下，肆意酣畅，故世谓"竹林七贤"。

2　后世称之为魏晋风度。近代德国哲学家海格德尔提出的存在主义哲学倡导"人诗意地栖居"，这与1800年前竹林名士的哲学理念具有相通之处。

3　利奥波德毕业于耶鲁大学林学系，毕业后长期从事林学生态系统服务和荒漠化防治工作。

提出了整体的有机哲学，强调演化组成实体，自然中的每个元素都在其与其他元素的关联中定义其本体。

　　海德格尔则发展了存在主义哲学，指出人和环境相互作用的生活本身决定了存在本身的意义[1]。值得注意的是，早在20世纪90年代，当时环境问题尚未引起国人重视，北京大学陈国谦[2]广泛组织国内相关学者，系统研究中国以道家为主根的天人合一思想、西方环境伦理和西方环境运动，相关生态环境文明的思想观点作为多个重点核心条目载入《中国大百科全书·环境科学卷》（2002年修订版）。

1　这大概就是陶渊明所说的"此中有真意，欲辨已忘言"，海德格尔用逻辑分析的形式讲述这个道理，陶渊明则是用诗意的语言阐释这种境界。

2　陈国谦先生于1994年在《哲学研究》刊物发表《关于环境问题的哲学思考》一文，首次基于天人合一这一哲学观对当代可持续发展主题展开论述，引发了学界广泛争鸣。

第二节

生态控制系统工程理论的现代意义

列子《天瑞篇》载："杞国有人忧天地崩坠，身亡所寄，废寝食者。又有忧彼之所忧者，因往晓之。"

列子《天瑞篇》讲了一个杞人忧天的故事，世人一度认为杞人之忧是可笑的。20世纪以来，人口爆炸、环境污染和资源枯竭等问题愈发严峻，杞人之忧已然变成当下之忧。如何平衡经济发展和环境矛盾、实现可持续发展成为时代关切。同样值得注意的是，从工业革命时代迈步走向信息时代的今天，信息和数据开始成为社会经济系统中最为关键的生产要素。正如关君蔚所指出的，信息与物质、能量一样，有其重要的地位，是人类赖以生存和发展的基本要素。面对包含生物、环境和社会经济的复杂巨系统以及海量的输入、输出数据，还原论的科学研究范式开始显得乏力，基于系统观、整体观的科学研究范式逐渐成为时代需要。这一理念与热力学大家普朗克的思想相似。正如普朗克所说："科学是内在的整体，它被分解为单独的部门不是取决于事物的本质，而是取决于人类认识能力的局限性。实际上存在着由物理到化学，通过生物学和人类学到社会科学的连续链条，这是一个任何一处都不能打断的链条。"

生态控制系统工程理论顺应了这一思想，为当前实现可持续发展提供了思路。关君蔚指出，面对当代人类赖以生存的地球，既要能满足当代人及其后代的需要，又要不留后患，保持稳定的持续发展，必将步入集自然科学、社会科学、经济、文化等诸多因素于一体的复合系统工程。依靠现代科学的勃勃生机，运用控制论的方法、动力学中运动稳定性的机制和工程手段，进行系统分析，动态监测预报，实施宏观调控，以期能科学有序地调动亿万人民为解决人类生存、繁衍和持续发展的巨大创造力。

第三节

生态控制系统工程理论的延伸

一、生态控制系统工程理论与"两山论"

关君蔚的生态控制系统工程理论蕴含诸多精髓,生态控制系统工程理论的延伸和应用,为现代生态环境建设提供了指引。

(一)可持续发展理论是"绿水青山就是金山银山"的底层基础

生态控制系统工程理论对"绿水青山就是金山银山"的支撑之一即其所提出的可持续发展理论成为"绿水青山就是金山银山"的底层基础。

关君蔚提出:山丘区小流域存在的基本问题是自然、经济条件恶劣,产业结构不合理,科技教育投资少,人口过多和文化素质低。根据我国的具体情况,小流域治理应在坚持公平性、持续性、和谐性、需求性、高效性和阶跃性的基础上,充分开发利用小流域的各种自然资源、劳动力投入、科学技术的潜力和某些资源的潜在生产力,以求得小流域持续、稳定、协调地发展,在获得短期效益的过程中,不损害后代人的长远利益。这一理论即可持续发展理论,针对可持续发展理论,国际上的研究一直在持续。为了应对人类面临的贫困、不平等、气候变化、环境退化等全球挑战,联合国于2015年通过了17项可持续发展目标,涵盖经济、社会、环境3个维度,是实现所有人更美好和更可持续未来的蓝图。傅伯杰院士团队应用网络分析方法,基于《可持续发展报告2020》发布的166个国家和地区的数据研究了相关网络指标、网络关键节点以及协同网络中不同可持续发展目标随可持续发展进程的变化,确定了可持续发展的关键转型阶段,明确了不同可持续发展水平的国家和地区所面临的机遇和挑战。

习近平总书记指出,绿水青山既是自然财富,又是经济财富;人不负青山,青山定不负人。"绿水青山就是金山银山"理念深刻揭示了生态环境保护与经济社会发展之间的辩证统一关系。一方面,发展是解决我国一切问题的基础和关键,生态环境问题是在发展中产生,也必然在发展中解决，通过建立以产业生态化和生态产业化为主体的生态经济体系，可以实现生态环境的经济价值。另一方面，良好生态环境是经济社会可持续发展的基础，也是推进现代化建设的内在要求，通过构建生态文明体系，推动传统产业高端化、智能化、绿色化，加快补齐生态环保等领域短板，提供优质生态产品，可以促进经济高质量发展。

（二）"因地制宜、因势利导"是"绿水青山就是金山银山"的实现路径

新中国成立后，在一边造林、一边毁林，致使水土流失并未减轻的生产实践中，关君蔚明确指出："水土保持规划要在合理利用土地的基础上才能进行"。当土地利用不合理时，将造成不同程度的水土流失，其结果就降低或破坏土地的生产力。所以，从水土保持的角度来看，控制和治理水土流失，不断提高土地的生产力，应该是合理利用土地和进行土地利用规划的指导思想。对于我国分布范围广泛的山区、丘陵区、黄土高原区等不同区域的土地利用规划生产，关君蔚提出了他自己独到的见解，提出"因地制宜"的原则。

关于水土流失地区土地利用规划的重要性，关君蔚指出，控制和治理水土流失，不断提高土地的生产力，应该是合理利用土地，而如何利用土地也决定于生产的需要，这就要求在每块土地确定其利用方向之后，迅速有效地治理水土流失所造成的后果，并使其不再发生新的水土流失，保障土地生产力的不断提高。划分土地类型，就是把现有土地利用状况和这块地上所处的地貌部位结合在一起，进行分类。这是因地制宜的一个重要手段。在土地利用类型划分的基础上，进行土地适宜性评价，因地制宜地实施水土保持措施。

关于土地类型划分的基础，关君蔚强调划分土地类型就要突出反映现有土地利用状况，而且应该根据规划地区的具体条件适当地增减和改变。土地类型一方面可以说明现有土地利用的基本情况，同时也可以反映过去遭受水土流失危害的程度；另一方面又能在水土保持规划工作中，用作合理利用土地分析的基础。随后，他指出，简单地就数字的组合计算，可以组成数百种土地类型，但在一定的地区范围内，土地类型的组合是有规律的。

关君蔚始终坚持理论与实践紧密结合，走遍了祖国的大江南北，爬过了水土流失严重区的沟沟坎坎，深入田间地头和农家小院，获取大量第一手资料，提炼科学认知，提出科学理论，研发科学技术，解决实际问题。

对于如何进行"因地制宜"地做好水保工作，多年生产实践证明，在黄土丘陵沟壑区发展生产关键在于做好水土保持工作，而且要求坡沟兼治，运用水土保持综合措施，是发展生产的基础。关君蔚指出，果树和特用经济植物应注意不与农田争地，部分梁峁顶及梁峁坡的缓坡部分及沟道、河漫滩的草地可

以用作畜牧事业的基地，为了促进这一地区畜牧事业的发展，应逐步建立饲料栽培用地，提高放牧地的质量，而且要严格做好相应的水土保持措施。在发展生产、支援农业和保持水土、改造自然面貌两方面都要求迅速发展林业，在基本农田、畜牧、果树和特用经济植物，必要的生产辅助用地和居民区之外，其余的土地，包括梁峁坡、沟道、退耕农田、四旁、池塘水库周围、梁道道路两侧零散土地，甚至一部分陡峭的坡地都应该划作林业用地。总结为"林果草上山，农田下沟川"。对于地形更为细碎、沟壑密度更大、坡陡沟深的丘陵区，则为"农田上山，林草下沟"。在泾河、渭河、洛河及永定河的上游河源地区，有一部分地区丘陵区沟间地较为开旷，保涧固沟是这一类型丘陵区发展生产对水土保持工作的突出要求，即为"林草上山，果树中间，涧地坪地是粮仓"。如上所述，在黄土丘陵沟壑区内部差异很大，但在生产上都要求迅速建成高标准基本农田，开展多种经营；而且又都是水土流失较为严重的土地，都需要运用造林种草与相应的水利和水土保持工程措施，迅速绿化荒山荒地，改变自然面貌，迅速控制水土流失，解决干旱问题，则是这一类型区的共同要求。

在我国分布范围广泛的土石山地和丘陵，其共同特点是土层瘠薄，其下多属各种基岩、粗骨物质多，受基岩的影响较大，而且绝大部分是山高坡陡，土少沟深。如果说黄土地区水土流失是以逐渐耗竭土地生产力为主，土石山地和丘陵则因土层浅薄，常是在短时间内彻底破坏土地生产力为其特点的。从而黄土地区和土石山地水土流失的形式、程度和强度都显著不同。关君蔚指出在进行土地利用规划时，应该根据各项生产事业对环境条件的要求，分析各土地类型上环境条件的差异和特点，使这两方面统一起来，就可以达到"因地制宜"的目的。但是要使土地利用规划能达到合理利用土地的目的，就不应仅限于自然条件，还要进一步包括社会与经济条件，生产辅助用地和生活用地的安排。

水土流失地区在进行土地利用规划时，应该根据各项生产事业对环境条件的要求，分析各土地类型上环境条件的差异和特点，使这两方面统一起来，就可以达到"因地制宜"的目的，和谐地协调人与自然关系，实现人类福祉动态目标和可持续发展。

"因地制宜"理论具有明显的超前性，它对人与自然关系及其有机协调的论述，成为指导我国生态文明建设和未来水土保持事业重要的理论基础与实践指南。党的十九大报告中明确提出："建设生态文明是中华民族永续发展的千年大计，必须树立和践行绿水青山就是金山银山的理念，统筹山水林田湖草系统治理"。山水林田湖草生态保护修复工程是生态文明建设的重要内容，也是

"绿水青山"向"金山银山"转化的基础和保障。

浙江省丽水市紧抓"因地制宜，切实统筹治理"，提出"山水工程"具有明显的区域性，不同区域的地理特征、环境要素、生态本底、破坏程度等各不相同，因此，工程的实施需要"因地制宜"。

2013年，被水利部命名为"国家水土保持生态文明县"的彭阳县紧紧围绕"因地制宜、发展水土流失治理技术，有机结合、布局水土流失治理措施"这一核心任务，狠抓生态建设和产业发展，水土保持项目的实施在彭阳县建设过程中起到了关键作用。

2017年初，被评为"国家水土保持生态文明工程"的兰新高铁甘青段工程建设，坚持绿色发展理念，严格按照"三同时"制度，统筹抓好工程措施、植物措施与临时措施的落实，针对沿线不同地貌单元和水土流失隐患，坚持做到因地制宜、科学防治，根据不同的防治分区所产生的水土流失隐患，进行针对性的防治。

从黄土高原水土流失治理到长江流域水土保持重点治理工程，从三北防护林体系建设到沿海及长江上游防护林体系建设，从干旱地区治沙到山水林田路小流域综合治理，在国家水土保持与生态建设的每一个方面，都留下了关君蔚的足迹和汗水，在国家水土保持政策与重大举措上，都蕴含着关君蔚的科学思想和睿智思考。

新中国成立后，近半个世纪，"老、少、边、穷"生态脆弱的山区、沙区，大大小小，前前后后做过很多规划，但只能是指导今后工作的基础，必然要随客观事物的发展和变化而补充、修改和提高。因而，关君蔚指出："规划要赶得上变化，反映客观实际的要求！"关于农村可持续发展的动态跟踪监测预报工作，关君蔚指出，因地制宜、因害设防＋顺势力导、趋时求成＋谦诚则灵、机不再来、经济效益、生态效益、社会效益同步实现，社会效益是根本，而要想促使生物生产事业、生态系统、环境和持续发展超前迈入现代科学的新阶段，则须保证以县为单位，卫星定位，普查、规划，建立"多媒体"信息库，长期及时监测预报，超前纳入信息高速公路措施的实施。

近些年来，有关"因势利导，趋时求成"的研究更加深入，至今仍在生态保护中继续广泛使用。党的十八大以来，以习近平同志为核心的党中央打出了一系列"脱贫组合拳"，脱贫举措行之有效，脱贫工作成绩斐然、有目共睹。脱贫攻坚的主要问题在于地区条件不一，致贫返贫原因不一，各种具体条件不一。因此，因地制宜、因人而异、因势利导做好扶贫攻坚工作的思想在扶贫工作中发挥了重要作用。

实施乡村振兴，是党的十九大作出的重大决策部署，为提升"三农"工作水平、加快新一轮县域经济发展带来了难得的机遇。我国各乡村近年来按照"产业兴旺、生态宜居、乡风文明、治理有效、生活富裕"总要求，因地制宜、因势利导，全力推动乡村振兴。

2021年12月20日，《中华人民共和国黄河保护法（草案）》首次提请十三届全国人大常委会第三十二次会议审议。这是继长江保护法后，我国立法保护"母亲河"的又一座丰碑，在黄河治理历史上意义重大而深远。黄河流域上下游、不同区域地理环境和社会经济有着重要差异。习近平总书记指出："要坚持绿水青山就是金山银山的理念，坚持生态优先、以水而定、量水而行，因地制宜、分类施策，上下游、干支流、左右岸统筹谋划，共同抓好大保护，协同推进大治理，着力加强生态保护治理、保障黄河长治久安、促进全流域高质量发展、改善人民群众生活、保护传承弘扬黄河文化，让黄河成为造福人民的幸福河。"这与"因地制宜，因势利导"的理念是一致的。

二、生态控制系统工程理论与"山水林田湖草沙"系统治理

（一）"东方思维"与"山水林田湖草沙"系统治理

关君蔚认为，东方思维产生于古老的东方文明，其特点是：以农立国，食为民天，渔樵耕读，知足者常乐，对儿孙后代自愿负责到底，保护自然，改善土地和湖泊。东方思维突出表现在承认人类是自然的产物，人与自然应该和谐共处。中国国土陆地面积仅占全球陆地面积不足7%，却承载着14亿以上人口，靠的就是东方思维。

东方思维可以一直延伸至"绿色革命"，关君蔚致力于"绿色革命"，为后人留下了宝贵的精神财富。关君蔚指出，科学要超前于生产，才能指导生产。现代的"绿色革命"是在人类发展过程中，远比工业革命更为广泛和深远，既包括本身在内的生物总体，又涉及人类未来兴衰存亡的又一次大变革。在东方思维，小即延安精神的指导下，对于经受长期旧时代的煎熬，疮痍满目的新中国，关君蔚总结了新中国成立以来实践的经验和失败的教训，借助于现代科学的精粹，指出只要能巧于索取自然资源，更多地留给儿孙后代；巧于协调各级，各部门、各单位、各行各业，上下左右，前后的关系，充分发挥相互支持和促进的有利方面，而将相互抵制和扯皮压缩到最小；巧于选定"突破口"，巧于挖掘潜力，就能超前步入高速信息公路新阶段。实实在在地调动群众的主观能动性，就能取得生态效益、经济效益和社会效益同步，实现具有中国特色的奇迹！

2013年11月9日，习近平总书记在关于《中共中央关于全面深化改革若干重大问题的决定》的说明中指出："我们要认识到，山水林田湖是一个生命共同体，人的命脉在田，田的命脉在水，水的命脉在山，山的命脉在土，土的命脉在树。用途管制和生态修复必须遵循自然规律，如果种树的只管种树、治水的只管治水、护田的单纯护田，很容易顾此失彼，最终造成生态的系统性破坏。由一个部门负责领土范围内所有国土空间用途管制职责，对山水林田湖进行统一保护、统一修复是十分必要的。"2019年，中共中央、国务院《关于坚持农业农村优先发展做好"三农"工作的若干意见》指出，统筹推进山水林田湖草系统治理，推动农业农村绿色发展。

山水林田湖草沙系统治理的提出，正是基于东方思维的延伸。充分认识山水林田湖草沙作为生命共同体的内在机理和客观规律，有利于落实整体保护、系统修复、综合治理的理念和要求。坚持山水林田湖草沙是生命共同体理念，遵循生态系统内在机理，以生态本底和自然禀赋为基础，注重自然地理单元连续性和完整性、物种栖息地的连通性，统筹各种自然生态系统，统筹陆地海洋、山上山下、地上地下、上游下游等方方面面的关系。

（二）"天人合一"思想与"山水林田湖草沙"系统治理

关君蔚在不断的科研实践和学术研究中提出：科学要超前于生产，才能指导生产，但不能纸上谈兵，要把精彩的研究成果首先绘在祖国的大地上。

淳朴的"天人合一"思想，最早形成了区划和土地利用规划的雏形。人与自然是密不可分的有机整体，中国哲学有道家和儒家两大学派，道家以静制人，强调顺其自然；儒家以动制人，强调自然和人类融合，其共性则是天人合一。

天人合一的思想，在"山水林田草湖沙"系统综合治理中得以应用，如聚落选址，首先要"聚气"，即聚蕴藏山水之气。"地理之道，山水而已"，山是静态的，水是动态的。山水林田湖草沙包括生活、修养、旅游，都是生态系统的一部分。一方水土，养一方生物群体；一方水土和这一方生物群体，养一方的人，生态系统的多个组成部分统筹治理，才能达到最佳效果。

关君蔚认为，稳定性是系统的一种重要维生机制，生态系统达到其稳定态才能达到最好的模式。"山水林田湖草沙"统筹治理的核心，即是多方因素统筹治理，达到生态系统的稳定。

关君蔚的生态控制系统理论具有很强的前瞻性，可深入应用在可持续发展理论研究、生态系统服务功能研究、生态系统综合治理等研究领域。

参考文献

陈诚. "两山论"中体现的生态文明建设与经济建设[J]. 中国市场, 2020(30): 89-90.

董智勇, 沈国舫, 刘于鹤, 等. 90年代林业科技发展展望研讨会发言摘要[J]. 世界林业研究, 1991(1): 1-21.

樊奇. 中国共产党建党百年来"山水林田湖草沙"系统治理思想的发展逻辑和启示[J]. 鄱阳湖学刊, 2021(2): 5-17, 124.

巩固. 山水林田湖草沙统筹治理的法制需求与法典表达[J]. 东方法学, 2022(1): 109-119.

关君蔚, 李中魁. 持续发展是小流域治理的主旨[J]. 水土保持通报, 1994(2): 42-47.

关君蔚, 王贤, 张克斌. 建设林草、科学用水、增强综合防灾能力: 从"5·5"强沙尘暴引出的思考[J]. 北京林业大学学报, 1993(4): 130-137.

关君蔚. 发展"生物能源"是实现农业现代化的关键[J]. 水土保持, 1981(1): 44.

关君蔚. 防护林体系建设工程和中国的绿色革命[J]. 防护林科技, 1998(4): 12-15.

关君蔚. 中国的绿色革命: 试论生态控制系统工程学[J]. 生态农业研究, 1996(2): 7-12.

关君蔚. "组织起来, 提高生产"推行草田耕作制[J]. 生物学通报, 1954(6): 7-9, 49.

黄承梁. 习近平新时代生态文明建设思想的核心价值[J]. 行政管理改革, 2018(2): 22-27.

田重. "绿水青山就是金山银山"的理论渊源、逻辑递嬗及时代价值[J]. 新疆社科论坛, 2021(4): 12-15, 47.

徐永昶. 对我省东部浅山地区防护林体系建设的意见[J]. 青海农林科技, 1979(4): 9-14.

佘德华, 李鹏. "两山"理念视域下生态文明建设的思考[J]. 丽水学院学报, 2017, 39(6): 20-24.

张修玉, 滕飞达, 马秀玲, 等. 科学探索"两山"转化的理论与实践[J]. 中国生态文明, 2021(5): 35-37.

第六章

学科发展学术思想

第一节

关君蔚与水土保持与荒漠化防治学科

一、我国水土保持与荒漠化防治学科发展概况

我国水土保持与荒漠化防治历史源远流长，近现代水土保持与荒漠化防治工作也有近百年历史。目前，水土保持与荒漠化防治是隶属于农学门类下的一级学科（研究生培养）和自然保护与环境生态类本科专业（本科生培养）。

（一）萌芽发展阶段（1923—1949年）

我国的水土保持已有几千年历史，但现代水土保持治理实践起源于美国。20世纪20年代，随着美国西部平原地区的大规模开垦，自然植被遭受严重破坏，生态环境日益恶化，沙尘暴危害严重。因此，美国社会开始关注土壤侵蚀问题，并从法律、机构、技术等不同方面采取措施应对土壤

图6-1 1929年，华尔特·克莱·罗德民毕业于美国加利福尼亚大学研究生院获博士学位（北京林业大学水土保持学院 供图）

图6-2 华尔特·克莱·罗德民（左四）与西北水土保持专家团（北京林业大学水土保持学院 供图）

侵蚀问题，形成了较为完整系统的水土保持学说。美国水土流失治理实践促进了水土保持学科的发展，也影响着中国社会对水土流失问题的认识。20世纪20年代，以美国著名水土保持专家华尔特·克莱·罗德民（Walter Clay Lowdermilk，1888—1974年）教授为代表的专家学者来华（图6-1、图6-2），将现代水土保持理论引进中国，使得中国学术界重新认识、研究水土流失问题，并形成了水土保持理论体系，建立了与之相关的制度和机构。

罗德民教授是美国北卡罗来纳州人，1915年毕业于英国牛津大学，1929年毕业于美国加利福尼亚大学研究院获博士学位。历任中国金陵大学教授，山西省铭贤学校教授，国民政府行政院顾问，美国内政部土壤保持局副局长、研究室主任等职。作为国际水土保持学科奠基人之一的罗德民教授，1922年来到中国，在南京金陵大学森林系任教。1923年在河南、陕西、山西等地调查森林植被与水土流失的关系，1924—1925年在山西进行水土流失的实验，1926年在山东进行雨季径流和水土流失的研究。1943年4月，国民政府行政院组织农林部、水利委员会、甘肃省建设厅等有关单位，成立西北水土保持考察团，邀请罗德民为行政院顾问共同考察。

20世纪初，我国相继在山西和山东等地开展了水土流失调查研究工作。1922—1927年，中国学者开展土壤侵蚀科学研究，对鲁、豫、晋、陕、甘等地的植被和水土流失情况作了许多调查研究，并先后在青岛林场、永宁等地开创了土壤侵蚀的实验，以说明土壤的侵蚀过程。1940年，我国首次提出了"水土保持"一词，"水土保持"在我国成为专业术语。1945年，国内水土保持工作者发起成立了中国水土保持协会，策划和推进开展全国水土保持工作。随后，分别在我国西北地区的天水、绥德、西峰、榆林、延安等地建立了水土保持试验推广站，开展了我国早期的水土保持科学研究工作。水土保持专家在环境治理的过程中，发挥技术指导的作用，改变传统治理的方式，实验水土保持的技术措施，对水土流失的形成因子进行观测，研究水土流失的规律，开创了中国的水土保持科学研究工作。水土保持试验推广站的工作，促进了环境治理思想的发展，为20世纪50年代以后水土保持与环境保护奠定了基础。

（二）初步建设阶段（1950—1979年）

新中国成立初期，党和政府高度重视水土保持和防沙治沙工作。在新中国第一届中央政府中，就在林垦部设立了直属部门——冀西沙荒造林局（石家庄），并规划在河北西部风沙危害严重的正定、行唐、灵寿等6个县连片营造防风固沙林。首次提出了防护林的林种和体系的理论，科学地总结和阐述了我国防护林体系的林种组成和分类，把我国防护林建设推向了一个新的水平，为我国三北防护林体系建设提供了科学理论基础。1950年，国务院成立治沙领导小组；同年，在陕西榆林成立陕北防沙林场，隶属于西北林业局，并在河北，河南东部、东北地区西部、西北地区等地着手建设大型风沙防护林。1952年4月，为了抵御来自北方科尔沁沙地的风沙危害，在辽宁省彰武县章古台建立了新中国第一个治沙科研单位——章古台固沙造林实验站。1955年，召开了全国第一次水土保持会议。1957年，国务院发布《中华人民共和国水土保持纲要》。1957—1958年，中国科学院组织黄河中游水土保持综合考察队，在陕、晋、甘、宁地区进行考察。至1960年，全国建立了180余处水土保持工作站和科学研究观测设施。

1958年，由周恩来同志提议、国务院批准，北京林学院设立了我国第一个水土保持专业。1960年，内蒙古林学院（现内蒙古农业大学）设立了全国第一个沙漠治理专业。1961年，关君蔚主持北京林学院森林改良土壤教研组编写了我国第一部《水土保持学》教材，初步奠定了我国水土保持学科的理论框架（图6-3）。

关君蔚在该书中提出："水土保持学是研究水土流失原因和发展过程，以及运用综合性技术措施，防治水土流失等自然灾害以保障生产（尤其是农业生产）而发展的一门新的自然科学。"

图6-3 我国第一部《水土保持学》教材（北京林业大学水土保持学院 供图）

（三）普及发展阶段（1980—1999年）

改革开放后，众多高等院校设立了水土保持、沙漠治理专业。关君蔚创立并发展了水土保持原理学说，率先提出了水土保持林体系的思想，补充和发展了水土保持科学理论和森林涵养水源的理论，科学地界定了"水土流失"和"水土保持"这两个至关重要的基本概念，填补了国内科学领域中的一项空白。

1980年，北京林学院成立了水土保持系，关君蔚担任了第一任水土保持专业负责人、第一任水土保持系主任，带领同事们克服重重困难，培养了我国第一代水土保持专业大学毕业生。1980年，北京林学院获批设立全国第一个水土保持学科硕士点；1984年，再次获批设立全国第一个水土保持学科博士点，关君蔚也成为我国水土保持学科的第一位博士生导师，我国自己培养的水土保持学博士相继脱颖而出。

1985年，中国水土保持学会成立，并陆续成立了中国南方水土保持研究会和地方性学术团体。1989年，北京林业大学水土保持学科被确定为第一批国家级重点学科。1997年，全国高等教育专业调整，水土保持专业与沙漠治理专业合并为水土保持与荒漠化防治专业，并沿袭至今。水土保持与荒漠化防治专业紧密结合国内外生态环境背景及国内的重大生态环境建设工程项目开展教学实践，使教学体系建设与人才培养质量保持领先地位。

这一时期，国家高度重视水土保持与防沙治沙工作。1978年，国务院批准实施在我国三北地区建设大型人工林业生态工程——三北防护林工程。工程建设范围包括三北地区13个省（自治区、直辖市）的725个县（旗、区），总面积435.8万km^2，约占我国国土总面积的45%。1982年，国务院颁布了《中华人民共和国水土保持工作条例》。1991年，《中华人民共和国水土保持法》颁布实施，为全面预防、治理水土流失、合理利用和保护水土资源提供了法律保障，使全国的水土流失防治工作走上了法律化、规范化、科学化的轨道。同年，开展了全国性的学术讨论会，关君蔚从理论基础和实践上研讨水土保持工作的预防保护、监督管理、监测预报、综合治理、开发利用等重大问题，推动了水土保持治理工作。1994年，我国加入《联合国防治荒漠化公约》。1995年，关君蔚当选为中国工程院院士，继续从事水土保持人才培育工作，不断完善和发展具有中国特色的现代水土保持学科。

为遏制三北地区风沙危害和水土流失等状况，改善人民生存条件，促进农牧业稳产高产，维护粮食安全，1978年11月3日，国家计划经济委员会批准国家林业总局下发《西北、华北、东北防护林体系建设计划任务书》；1978年11月25日，国务院批准国家林业总局下发《关于在西北、华北、东北风沙危害和水土流失重点地区建设大型防护林的规划》。在三北防护林工程伊始，关君蔚就担任了技术顾问。

（四）快速发展阶段（2000年至今）

21世纪以来，为应对全球气候变暖、森林锐减、土地荒漠化、大气污染以及水污染等带来的生态环境与社会问题，急需多学科交叉，探讨生态环境与社会系统中的互动耦合关系。此外，我国社会的发展和时代的进步，国家的生态安全保障与城市的扩张，都给水土保持事业提出了更高的要求，对水土保持行业发展提出了新的挑战。2002年，《中华人民共和国防沙治沙法》颁布实施。同年，北京林业大学水土保持与荒漠化防治学科再次被教育部评为国家级重点学科。该学科点的确立大大促进了水土保持与荒漠化防治高等教育的质量，同时培养了大批学科领域的高层次人才，也带动了其他高等院校与科研院所学科高层次人才培养的蓬勃发展。2004年，关君蔚获国家林业局首批林业科技重奖，继续以风沙地区为重点，从事防沙、治沙、建设绿洲的实践并运用现代科学技术，为创立生态控制系统工程理论而努力。目前，我国共有20所高等院校设立了水土保持与荒漠化防治本科专业，35家科研院所设立了水土保持与荒漠化防治学科硕士点，21家科研院所设立了水土保持与荒漠化防治博士点（表6-1、表6-2）。同时，台湾中兴大学、屏东科技大学也设有水土保持系。

表 6-1 我国水土保持与荒漠化防治学位教育开设情况（本科教育）

序号	高校名称	开设院系	设置时间	是否一流大学	是否一流学科	备注
1	北京林业大学	水土保持学院	20 世纪 50 年代		√	
2	内蒙古农业大学	沙漠治理学院	20 世纪 80 年代			
3	西北农林科技大学	资源环境学院		√	√	
4	福建农林大学	林学院				
5	山西农业大学	林学院				
6	山东农业大学	林学院	20 世纪 90 年代			
7	西南大学	资源环境学院			√	
8	甘肃农业大学	林学院				
9	华北水利水电大学	资源与环境学院				停招 ★
10	贵州大学	林学院			√	
11	吉林农业大学	资源环境学院	21 世纪			
12	西南林业大学	生态与环境学院				
13	南京林业大学	林学院			√	
14	中南林业科技大学	林学院				
15	沈阳农业大学	水利学院				
16	四川农业大学	林学院			√	
17	黑龙江大学	农业资源与环境学院				停招
18	西藏农牧学院	资源与环境学院				
19	辽宁工程技术大学	环境科学与工程学院				
20	云南农业大学	水利学院				停招
21	新疆农业大学	林学与园艺学院				
22	南昌工程学院	水利与生态工程学院				
23	黑龙江八一农垦大学	农学院				停招
24	安顺学院	资源与环境工程学院				

注：★ 为 2018 年后对应学校招生网页未查询到水土保持与荒漠化防治专业相关的信息。

表 6-2 我国水土保持与荒漠化防治学位教育开设情况（研究生教育）

序号	高校名称	开设院系	硕士授权点设立时间	博士授权点设立时间	是否一流大学	是否一流学科	招生专业	研究方向	备注
1	北京林业大学	水土保持学院	1981	1984	√		090707 水土保持与荒漠化防治	◇ 流域治理 ◇ 林业生态工程 ◇ 水土保持工程 ◇ 荒漠化防治 ◇ 生态修复工程学	硕博
2	西北农林科技大学	资源环境学院 水土保持研究所	1986	2000	√	√	090707 水土保持与荒漠化防治	◇ 土壤侵蚀 ◇ 水土保持工程 ◇ 林草生态工程 ◇ 流域管理 ◇ 水土保持效益评价	硕博
3	内蒙古农业大学	沙漠治理学院 水土保持研究所	1984	2001			090707 水土保持与荒漠化防治	◇ 荒漠化防治 ◇ 沙区植物资源保护与利用 ◇ 水土保持	硕博
4	中国科学院	水土保持研究所 （水土保持与生态环境研究中心）	1990				090707 水土保持与荒漠化防治	◇ 土壤侵蚀 ◇ 水土保持植被 ◇ 水土保持工程 ◇ 水土保持监测与评价	硕博
5	东北林业大学	林学院	1997	2001		√	090700 林学§	◇ 水土保持与荒漠化防治	硕博

序号	高校名称	开设院系	硕士授权点设立时间	博士授权点设立时间	是否一流大学	是否一流学科	招生专业	研究方向	备注
6	南京林业大学	林学院	1998	1998			090707 水土保持与荒漠化防治	◇ 林业生态工程 ◇ 土壤侵蚀与水土保持 ◇ 城市林业与水土保持 ◇ 水土保持生态修复 ◇ 水资源管理与环境变化 ◇ 森林土壤学	硕博
7	福建农林大学	林学院	1999	2006			090707 水土保持与荒漠化防治	◇ 恢复生态与生态工程 ◇ 森林理水与水保功能 ◇ 沿海防护林 ◇ 土壤侵蚀预测与防治	硕博
8	四川农业大学	林学院	2000	2011	✓		090707 水土保持与荒漠化防治	◇ 林业生态工程 ◇ 水土保持理论技术 ◇ 开发建设项目水土保持	硕博
9	山东农业大学	林学院	2001	2004			090700 林学[S]	◇ 水土保持与荒漠化防治	硕博
10	中国农业大学	水利与土木工程学院	2002	2006	✓	✓	082802 农业水土工程[+]	◇ 水土保持与荒漠化防治	硕博
11	中南林业科技大学	林学院	2003	2006			090700 林学	◇ 水土保持与荒漠化防治	硕博

序号	高校名称	开设院系	硕士授权点设立时间	博士授权点设立时间	是否一流大学	是否一流学科	招生专业	研究方向	备注
12	甘肃农业大学	林学院		2006			090707 水土保持与荒漠化防治	◇ 土壤侵蚀与水土保持环境效益 ◇ 全球变化与生态环境修复 ◇ 荒漠环境生态研究与荒漠化综合防治技术	硕博
13	沈阳农业大学	水利学院	2003	2013			090707 水土保持与荒漠化防治	◇ 土壤侵蚀规律 ◇ 流域综合治理 ◇ 水土保持与生态环境评价	硕博
14	中国林业科学研究院	林业所荒漠化所	2003	2004			090707 水土保持与荒漠化防治	◇ 植物生态学 ◇ 石漠化防治 ◇ 水土保持 ◇ 荒漠植物形态、结构与功能	硕博
15	北京师范大学	地理科学学部	2003	2003			070501 自然地理学†	◇ 土壤侵蚀与水土保持	硕博
16	贵州大学	林学院	2006	—		√	090700 林学§	◇ 水土保持与荒漠化防治	硕博
17	西南林业大学	生态与环境学院	2006	2011			090707 水土保持与荒漠化防治	◇	硕博
18	江西农业大学	林学院（园林与艺术学院）	2011	2013			090707 水土保持与荒漠化防治	◇ 土壤保育与水源涵养 ◇ 植被恢复与生态工程	硕博
19	福建师范大学	地理科学学院	2006	2011			0705Z3 水土保持†	◇ 侵蚀过程与生态调控 ◇ 生态环境效应	硕博

续表

序号	高校名称	开设院系	硕士授权点设立时间	博士授权点设立时间	是否一流大学	是否一流学科	招生专业	研究方向	备注
20	中国水利水电科学研究院		2003	1998			081502 水力学及河流动力学	◇ 水土保持效应及对江河泥沙演变的作用机理	博士
21	大连理工大学	建设工程学部	2011	2018			081501 水文学及水资源	◇ 水土保持与流域治理	博士
22	中国科学院	新疆生态与地理研究所	2002	—			090707 水土保持与荒漠化防治	◇ 荒漠化防治 ◇ 荒漠环境	硕士
23	山西农业大学	林学院	2000	—			090700 林学§	◇ 林业生态工程（选考水土保持学）	硕士
24	陕西师范大学	地理科学与旅游学院	2003			√	070501 自然地理学†	◇ 水土资源评价与规划	硕士
25	西南大学	资源环境学院	2004			√	090700 林学§	◇ 水土保持与荒漠化防治	硕士
26	中国科学院	南京土壤研究所	2004				090707 水土保持与荒漠化防治	◇ 土壤侵蚀与物质迁移	硕士
27	西安理工大学	水利水电学院	2006			√	090707 水土保持与荒漠化防治	◇ 流域侵蚀动力学 ◇ 水土保持工程 ◇ 流域管理 ◇ 城市水土保持 ◇ 水土资源过程与调控机理	
28	华中农业大学	资源环境学院	2006			√	090707 水土保持与荒漠化防治	◇ 土壤侵蚀过程与预测 ◇ 水土保持监测监管 ◇ 水土流失过程与生态调控 ◇ 流域规划与治理	硕士

序号	高校名称	开设院系	硕士授权点设立时间	博士授权点设立时间	是否一流大学	是否一流学科	招生专业	研究方向	备注
29	辽宁工程技术大学	环境科学与工程学院	2006				090707 水土保持与荒漠化防治	◇ 矿区环境治理 ◇ 生态修复理论与技术 ◇ 荒漠化防治与防护林经营 ◇ 土壤侵蚀与流域治理	硕士
30	云南农业大学	水利学院	2006				090707 水土保持与荒漠化防治	◇ 土壤侵蚀与环境 ◇ 土地开发整理与水保工程 ◇ 水土保持监测与3S技术应用 ◇ 水土保持与耕地持续利用	硕士
31	新疆农业大学	林学与园艺学院	2008				090700 林学§	◇ 荒漠化防治学	硕士
32	浙江农林大学	环境与资源学院	2011				090300 农业资源与环境 095132 资源利用与植物保护	◇ 农业资源利用（土水环境保护与修复等）	硕士
33	湖北民族学院	林学园艺学院	2011				090707 水土保持与荒漠化防治	◇ 生态系统管理与生物多样性保护理论 ◇ 水土保持动态监测与土地可持续利用	硕士
34	仲恺农业工程学院	园艺园林学院	2013				090707 水土保持与荒漠化防治		硕士
35	兰州大学	生命科学学院	2011		√		090700 林学	◇ 水土保持与荒漠化防治	硕士
36	西华师范大学	生命科学学院	—			√	090700 林学	◇ 水土保持与荒漠化防治	硕士

序号	高校名称	开设院系	硕士授权点设立时间	博士授权点设立时间	是否一流大学	是否一流学科	招生专业	研究方向	备注
37	黑龙江八一农垦大学	工程学院	—				082800 农业工程	◇ 水土保持学	硕士
38	西藏农牧学院		2011				090700 林学	◇ 水土保持与荒漠化防治	硕士
39	河海大学	农业科学与工程学院	2003			✓	0828Z1 农业水土资源保护	◇ 农业水土流失过程机理及预报	硕士
40	华北水利水电大学		2006						停招★
41	四川大学		2003		✓	✓			停招
42	西南交通大学		2006			✓			停招
43	长安大学		2005			✓			停招
44	湖南师范大学		2000						停招
45	南京农业大学		—			✓			停招
46	青海大学		2011			✓			停招
47	华南师范大学		2005						停招
48	河北农业大学		2005						停招
49	兰州交通大学		2006						停招
50	山西大学		2007						停招

注：★ 为 2018 年后对应学校招生网页未查询到水土保持和荒漠化防治专业相关的招生信息；

§ 为相关高校直接在林学（0907）一级学科下直接招生；

† 为相关高校在 2015 年后陆续撤销水土保持与荒漠化防治（090707）二级学科，改在其他一级学科下自设水土保持方向进行招生。

进入新时代，水土保持与荒漠化防治始终是我国生态文明建设的重要领域。在党的十八大、十九大报告中均明确提出，要"推进荒漠化、石漠化、水土流失综合治理"。水土保持与荒漠化防治已经成为防治水土流失和土地荒漠化，构建山水林田湖草沙综合治理、系统治理、源头治理体系、保障我国国家生态安全的重要支撑。为发展水土保持与荒漠化防治事业，从中央到地方相继成立了相应的组织领导、行政管理、监督执法、监测预报、科学研究、学术团体等水土保持专门机构。目前，各级组织机构已建设成为从全国性到流域性（区域性）再到地方性的一套完备组织体系。我国水土保持与荒漠化防治学科已形成了国家战略、行业发展和人才保障的完整体系，并为实现国家"五位一体"战略布局和建设美丽中国提供有力保障。

二、关君蔚与学科理论体系

关君蔚是我国水土保持学科理论的奠基人，对水土保持的定义、目标、理论基础、内涵和边界作了科学系统的阐述。他带领大家结合我国国情，编写了《水土保持原理》《水土保持学》等教材。他的观点，有的被收入《中国大百科全书》，有的被《中华人民共和国森林法》《中华人民共和国水土保持法》引用。他根据我国的实际情况，努力将世界上几个主要国家水土保持科学成就融合在一起。在此基础上，发展创新为具有中国特色的水土保持科学理论，使其成为具有世界水平、中国特色的水土保持学科体系。

关君蔚始终坚持理论与实践紧密结合，走遍了祖国的大江南北，爬过了水土流失严重区的沟沟坎坎，深入田间地头和农家小院，获取大量第一手资料，提炼科学认知，提出科学理论，研发科学技术，解决实际问题。他提出的立地条件理论和防护林体系理论，成为指导造林，特别是降水相对匮乏地区和水土流失严重地区植被修复重建的理论指导和技术指南。早在1950年，他就系统研究了泥石流形成运动机理与防治技术，是新中国成立后最先研究泥石流（石洪）的科学家，对泥石流形成、运动、成灾过程的认识成为这一学科的理论基础，对于后续的研究发挥着重要的指导作用，并培养了以中国科学院院士崔鹏研究员为代表的山地灾害领域专家学者。关君蔚晚年提出生态控制系统工程的理论，从东方思维的视角，分析生态系统演化、功能、效应和人类适应，以及通过和谐地协调人与自然关系实现人类福祉动态目标和可持续发展。这一理论体系具有明显的前瞻性，它对人与自然关系及其有机协调的论述，成为指导我国生态文明建设和未来水土保持事业重要的理论基础与实践指南。

关君蔚胸怀国家建设和水土流失严重的"老、少、边、穷"地区人民疾苦，具有深切的家国情怀。他根据自己考察和研究成果，及时发现问题，提出解决对策，编写考察报告与科学咨询建议，建言献策中央和政府部门，把科学家的研究成果转变为国家行为，进而身体力行，深入生产第一线，发挥科学顾问与技术指导的作用，推动着我国水土保持事业的发展。从黄土高原水土流失治理到长江流域水土保持重点治理工程，从三北防护林体系建设到沿海及长江上游防护林体系建设，从干旱地区治沙到山水林田路小流域综合治理，在国家水土保持与生态建设的每一个方面，都留下了他的足迹和汗水，在国家水土保持政策与重大举措上，都蕴含着他的科学思想和睿智思考。

三、关君蔚与学科人才培养

我国水土保持学科人才培养体系的建立，也和关君蔚密切相关。早在1949年，关君蔚就在河北农学院首开水土保持课程。1957年，他发起成立全国林业大专院校水土保持专业委员会，并担任主任委员，主持研究并制定我国第一套系统而完整的水土保持专业人才培养方案，创建新的课程体系。同年，周恩来总理主持召开全国第二次水土保持会议，并倡议设置水土保持专业。关君蔚主动揽下了这项工作，并和同事们一起克服了重重困难，为水土保持专业发展奠定了坚实的基础。

关君蔚主编了学科的第一部全国统编教材《水土保持学》，并主编了《水土保持原理》等水土保持学科核心课程教材（图6-4），牵头在北京林学院为全国农林院校培训了第一批水土保持课程的主讲教师。水土保持专业新成立没有学生，关君蔚把已经学完基础专业课的部分林业专业的学生接了过来，又讲授了水土保持工程、治沙、防护林等课，第二年就培养出中国第一代水土保持专业的大学毕业生。

1978年，为适应经济建设需求，培养高科技人才，提高教学质量，关君蔚利用参加全国科学技术大会召开前的时间，来到祁连山寺大隆林区。他白天野外辛勤调查研究，夜晚在煤油灯下整理材料，编写《水土保持原理》教材，为提高水土保持学原理水平，充实教学内容，作出了新的贡献。

关君蔚为我国水土保持学科人才培养事业发展作出了卓越贡献。他带

全国高等林业院校试用教材

水土保持原理

关君蔚 主编

中国林业出版社

图6-4 关君蔚主编的《水土保持原理》教材（北京林业大学水土保持学院 供图）

领团队创办了我国第一个水土保持专业，北京林学院水土保持专业发展为水土保持系，关君蔚担任了第一任水土保持专业负责人、第一任水土保持系主任。北京林学院也成为全国水土保持教育、科学研究、管理与实践人才的摇篮，为国家培养了大批水土保持科学技术人才，成为全国高等院校水土保持专业师资队伍的主体、科学研究机构的生力军、管理与实践者的优秀队伍。1984年，国务院学位委员会审议通过北京林业大学水土保持学科博士点，关君蔚也成了我国第一位水土保持专业博士生导师。1989年，北京林业大学水土保持学科被评为国家重点学科。

四、关君蔚对学科发展的影响

（一）主导学科建设发展

1.设立我国第一个水土保持专业

以黄河流域为典型的水土流失问题，很早就被我国老一辈科学家所重视。新中国成立初期，在学习苏联的热潮中，正值"斯大林改造大自然计划"问世，此间，我国翻译了《森林改良土壤学》《水利改良土壤学》《农林改良土壤学》。随后，苏联专家普列奥布拉仁斯基教授为师资进修班和研究生主讲《森林改良土壤学》，期间由东北林区经西北黄土高原，直到东南沿海等现地考察和研究。在这种历史背景下，关君蔚立足于中国的实际情况，结合世界上几个主要国家的水土保持科学成就，提出"中国文化历史悠久，长期困扰于封建社会，尤其在近百年来，内忧外患，连绵不断，产生了荒山秃岭、破碎山河的荒凉面貌，它是留给新中国的惨痛遗产，情况复杂、治理难度很大，只能靠本国科技人员的努力谋求解决，要立即创建符合于中国特点的水土保持学科"，这也是水土保持学科首次在国内公开提出。在这种背景之下，1949年，关君蔚在河北农学院开设了"水土保持"课程。1952年，成立北京林学院，并开设水土保持课程。1957年，全国林业院校成立了水土保持专业委员会，关君蔚担任主任委员，主持研究并制订了专业、课程设置和教学大纲等。在他的主持和带领之下，水土保持专业课程体系构建成型。

在课程体系完善的基础上，1958年，由周恩来总理提议，国务院批准创建水土保持专业。北京林学院成为国内首个建立该学科的院校，关君蔚编写了新中国第一部《水土保持学》，确定了水土保持的知识体系框架、名词术语。之后在教学体系、课程建设和教材建设中均引领着国内同行前行。1980年，北京林学院成立我国第一个水土保持系，并迅速在全国掀起水土保持教育热潮，共在5所相关院校开设相关专业。

2. 设立我国第一个水土保持学科博士点

1984年，由关君蔚代表北京林学院参加国家教育委员会召开的学科评审会，他就水土保持学科的特点及北京林学院水土保持专业的工作基础、师资力量和已取得的成就作了详尽阐述和汇报，得到与会人员的肯定与支持。国家教育委员会和国务院学位委员会批准在北京林学院首先建立了我国水土保持学科和全国唯一的水土保持学博士点，他本人也成为全国水土保持学科第一位博士生导师，开创了中国水土保持博士培养的先河。

3. 牵头获批国家级重点学科

随着新中国的发展，基于人类可持续发展的需要，在我国"水土保持"已经从一门可有可无的选修课，逐步发展成为重点专业课、水土保持专业、水土保持系、水土保持重点学科、水土保持重点开放实验室，直到现在的水土保持学院，取得了长足的发展。

1994年，国家高等院校专业调整后，将"水土保持与荒漠化防治"确定为国家重点学科，包含水土保持与荒漠化防治两个方面的内容，是一个覆盖全部陆地国土的完整的应用基础学科。

4. 发起成立中国水土保持学会

1985年，关君蔚作为共同创始人创建了中国水土保持学会，曾任中国水土保持学会第一届、第二届常务理事，第三届名誉理事长；创办中国水土保持学会会刊《中国水土保持科学》，并担任主编。此外，关君蔚还曾先后担任中国治沙暨沙业学会副理事长和《联合国防治荒漠化公约》中国执行委员会高级顾问。

（二）完善学科知识体系

关君蔚一生笔耕不辍，为学科知识体系构建和专业理论形成奠定了基础。为将水土保持这一实践性极强的领域加以理论化和科学化，关君蔚首次界定了"水土流失"和"水土保持"的基本概念。他明确提出，水土流失与水土保持的发生与否，主要决定于外营力破坏是否大于土体的抵抗力，大于时即是水土流失，小于或等于时即为水土保持。这一界定不但填补了国内水土保持学科领域中的一项空白，而且在国际水土保持学界起到了消除混乱的作用，具有前瞻性和重要的学术价值。从此，水土保持的基础科学理论得以完善。

关君蔚一生编写了《水土保持学》《水土保持原理》等多部教材和专著，奠定了在学科的基本知识体系。他主笔编写了《中国大百科全书》《中国农业百科全书》中"水土保持"的相关条目，明确了学科专业名词的定义和内涵。1985年，他提出中国特色综合治理方案"因害设防，生物措施与工程措施相结合"的水土保持理念，编著的《山区建设和水土保持》获全国农业区划委员会一等奖，成为山区水土保持的主流参考书目。他还先后撰写了《运筹帷幄，决胜千里——从生态控制系统工程谈起》《"三北"防护林体系建设工程》等多部著作，发表了《甘肃黄土丘陵区水土保持林林种的调查研究》《防护林体系建设工程和中国的绿色革命》《西部建设和我国的可持续发展》《石洪的运动规律及其防治途径的研究》《大兴安岭特大森林火灾后水土流失现状及其发展趋势》等一系列论文。

1978年，关君蔚的研究成果"石洪的运动规律及其防治途径的研究"获全国科学技术大会奖。关君蔚晚年撰写的《生态控制系统工程》一书，倾尽最后心血，给后人留下了宝贵的精神财富。书中，关君蔚创建了一整套水土保持系统方面的理论，这一理论体系的提出，对于指导我国的水土保持学科发展具有重要的理论与实践意义。关君蔚的诸多著作为水土保持拓展学科领域、完善学科知识体系奠定了坚实基础。

（三）把握学科研究方向

在泥石流研究中，关君蔚提出把降雨指标与土体水分指标结合开展泥石流预报的新方法，并亲自研制适合于泥石流监测和预报预警的水分传感器，从而形成了基于泥石流形成与运动规律的泥石流预测方法和监测预警技术，为泥石流理论研究和减灾实践作出了开创性贡献。1984年，他发表了《泥石流预报的研究》一文，在泥石流领域典型了国内理论基础。现阶段，泥石流的探究也已成为水土保持与荒漠化学科重要研究方向。

新中国成立后，经过3年国民经济恢复时期，林业建设飞速发展。在第一个五年计划期间，全国造林面积呈现直线上升趋势，仅国营造林面积，便从1953年的40.9万亩，增加到1957年的296.9万亩，平均每年造林195.42万亩。在此形势下，科学地进行造林调查设计，对提高造林质量、提高造林效率、节约造林成本和维护职工和人民群众造林积极性，都有着十分重要的意义。在这种背景之下，1955年及1956年，关君蔚率先在国内吸收苏联Ⅱ. C.波格列勃涅克院士的立地条件类型学说，以北京林学院妙峰山林场为基地，开展了编制石质山地立地类型表和设计造林类型的研究，并在河北、河南、辽宁等地的一些有代表性的山地、沙地进行了试点和试验推广，取得了令人鼓舞的良好效果。基于关君蔚早年开创的立地类型划分方法，国内防护林理论不断发展创新，但关君蔚的适地适树基本思路延续至今。现在，林业生态工程已经成为水土保持与荒漠化防治学科的核心方向之一，在该学科方向引领下，三北防护林工程、小流域治理、全国治沙工程等国家生态重点工程应运而生，在全球享有盛誉。

此外，他以干旱风沙地区为突破口，积极从事防沙、治沙、建设绿洲的实践，2003年被授予"全国防沙治沙标兵"称号。2004年，关君蔚87岁的时候，获得了我国首届林业科技重奖，这是国家对他在我国林业、水土保持和生态建设等方面所作出突出贡献的认可，也是国家和社会对水土保持学科理论与实践的重要肯定。

时至今日，水土保持与荒漠化防治学科基本构架、理论知识脉络、研究方向规划等，均始丁关君蔚并得以发展，未来水保人应系统总结关君蔚在我国林业生态工程建设、泥石流防治、生态控制工程等领域作出的卓越贡献，继承和发扬关君蔚的科学精神和学术思想，为把水土保持与荒漠化防治学科建设成为世界一流学科而聚智汇力、齐心协力、共谋发展，为我国生态文明建设作出新的更大贡献。

第二节

关君蔚与水土保持与荒漠化防治专业

图 6-5 关君蔚为《山西水土保持科技》创刊 30 周年题词（北京林业大学水土保持学院 供图）

关君蔚是我国水土保持专业（后改为水土保持与荒漠化防治专业）的创建者，自1941年从日本学成回国，怀着赤诚的报国之心，投身于国家水土保持事业，开始了长达60余年的水土保持教育、科学研究和生产实践生涯，将毕生精力投注于我国水土保持事业的发展（图6-5）。从专业设置、课程体系建设、人才培养到国家科学发展规划，从国家先期的荒山绿化到防护林体系建设、水土保持和防沙治沙，在我国水土保持学科发展与生态文明建设的每一项重大工程和关键节点，都铭刻着关君蔚的科研成果、睿智思想和责任担当印记，也映射出一位饱含激情的科技青年到高山仰至的科学大师的成长之路。

一、我国水土保持与荒漠化防治专业发展概况

1952年，北京林学院率先开设水土保持相关课程（图6-6）。1958年，由周恩来总理提议，经国务院批准，北京林学院成立了我国第一个水土保持专业。从此，我国才有了专门培养水土保持人才的本科专业。1960

年，在内蒙古林学院成立了沙漠化治理专业。1980年，北京林学院成立我国第一个水土保持系，并分别于1981年和1984年成立全国第一个水土保持学科硕士点和博士点。随后，水土保持专业在全国范围内迅速发展，相关高等院校设立了水土保持、沙漠治理等有关专业。到20世纪80年代末，全国共有5所院校相继成立水土保持专业，包括北京林业大学、内蒙古农业大学（原内蒙古林学院）、西北农林科技大学（原西北林学院）、福建农林大学和山西农业大学（图6-7）。1992年，北京林业大学成立我国第一个水土保持学院，也是世界上唯一一个水土保持学院。

图6-6　我国水土保持与荒漠化防治专业发展历程

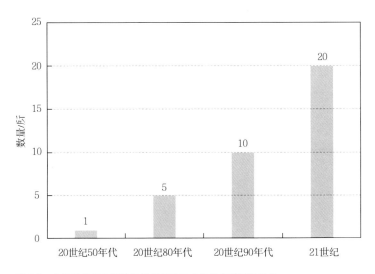

图6-7　我国开设水土保持与荒漠化防治专业的本科院校数量

经过不断探索与发展，在1998年全国高等教育专业调整过程中，水土保持专业与沙漠治理专业合并为水土保持与荒漠化防治专业，并于2003年在北京林业大学成立教育部水土保持与荒漠化防治专业教育指导委员会。水土保持高等教育质量的提高促进了专业人才培养规模的扩大，同时培养了大批水土保持领域的高层人才并使其投入到我国经济社会建设中，也带动了全国其他高校与科研单位水土保持高层次人才培养的蓬勃发展，相关农林院校相继设立了水土保持与荒漠化防治专业。截至20世纪90年代末，全国发展至10所水土保持专业院校（图6-7）。进入21世纪以来，开设水土保持与荒漠化防治专业的院校已发展至20所。水土保持与荒漠化防治专业是一个公益性很强且较为艰苦的行业，由于其特色明显、就业率高，于2007年被评为国家级"第二类特色专业建设点"。

二、引领水土保持与荒漠化防治专业发展方向

水土保持工作在我国虽源远流长，但作为一门广为人知的科学，实乃关君蔚长期奋斗之硕果。早在1949年，"水土保持学"课程作为高等农林院校林学系和农田水利系学生的必修专业课开始在河北农学院开设，由关君蔚主讲（图6-8）。1952年院系调整后，在制订林业专业教学计划时，水土保持已被纳入为重点专业课程之一，关君蔚调入北京林学院后继续主

图6-8　1949年，关君蔚在河北农学院开设"水土保持学"课程（北京林业大学水土保持学院 供图）

讲这门课程。1957年，全国林业院校成立了水土保持专业委员会，关君蔚作为主任委员，主持研究并编制了我国第一套系统而完整的水土保持专业人才培养方案、课程体系和教学大纲等，并主持了全国林业大专院校水土保持专业教材编审委员会的工作。1957年，全国第二次水土保持会议决定要在高校设立水土保持专业，北京林学院承担了这个任务。水土保持专业在我国成立后，进而发展成水土保持系，关君蔚担任北京林业大学第一任水土保持专业负责人、第一任水土保持系主任，为国家培养了大批水土保持科学技术人才，创立了我国首个水土保持学科博士点，关君蔚也成为我国水土保持学科的第一位博士生导师。

作为全国水土保持与荒漠化防治专业的创始者，北京林业大学一直引领该专业的发展方向。学科奠基人关君蔚主持编写了新中国第一部《水土保持学》教材，确定了水土保持的知识体系框架、名词术语，之后在教学体系、课程建设和教材建设中均引领国内同行前行。

三、心系水土保持与荒漠化防治专业人才培养

治理水土流失的工作是长期的、艰巨的，必须要造就一大批掌握水土保持科学技术的人才。在倾心于科学研究、造福国家与人民的同时，关君蔚最钟情的还是水土保持教育事业。关君蔚毕生致力于高等教育事业，培养造就了一批又一批水土保持建设人才。在创办水土保持专业的过程中，他带领同事们克服了一个又一个困难，把已经学完基础课、专业基础课的部分林业专业的学生接了过来，又讲授了水土保持工程、治沙、防护林等课程，培养出中国第一代水土保持专业的大学毕业生，为全国农林院校输送了第一批主讲水土保持课程的教师。关君蔚还经常到基层为农民和农民技术员讲课，参加培训了大批水土保持管理干部。他带领团队创办的我国第一个水土保持专业，成为全国水土保持教育、科学研究、水土保持管理与实践人才的摇篮，培养和造就出的大批水土保持专业科学技术人才，成为全国高等院校水土保持专业师资队伍的主体、科学研究机构的生力军、水土保持管理与实践者的优秀队伍。

关君蔚学识渊博，治学严谨，讲课理论联系实际，充满激情，幽默诙谐，极富感染力，深受学生欢迎与尊敬。作为博士研究生导师，他为人师表，言传身教，教书育人，诲人不倦。他十分关心青年学生的成长，为学生举办讲座，指导学生开展科技活动，给学生讲做事做人的道理。他学为人师，行为示范，赢得了学生的普遍爱戴。他淡泊名利，不为荣誉所累，

体现出老一辈科学家的高尚品质和人格魅力。其高风亮节的师德风范，教育和影响了一代又一代青年学子。如今，关君蔚的学生遍布全国各地，在水土保持领域发挥了巨大作用，默默地为祖国的水土保持与生态环境事业奉献。

四、完善水土保持与荒漠化防治专业课程体系

教材是专业建设中人才培养的核心材料。在课程体系建设上，关君蔚"过五关，斩六将，自我推销"，和同事们一起为我国的水土保持专业课程体系建设铺路奠基。他结合中国国情，带领大家从零开始编写《水土保持学》，还编写了高等农林院校教材《水土保持原理》等多部教材和专著（图6-9），主持编写了《中国大百科全书》《中国农业百科全书》中"水土保持""水土流失"等学科领头条目。他提出了许多新的观点和新的构思，在水土保持林体系和防护林体系、森林涵养水源等方面的研究中取得了新的进展。

他科学地界定了水土流失和水土保持的基本概念，在水土保持基本理论的建立和深化上作出了重大贡献，对于中国水土保持事业的发展具有重要的指导意义。他认为"水土流失是在陆地表面由外营力引起的水土资源与土地生产力的损失和破坏。水土保持是防治水土流失，保护、改良和合理利用水土资源，维护和提高土地生产力，以利于充分发挥水土资源的经

图6-9 关君蔚主编的《水土保持原理》教材再版

济效益和社会效益，建立良好生态环境的综合性应用技术科学。"这两个名词的界定，对我国水土保持学科的发展具有十分重要的意义。

五、关君蔚对专业发展的影响

关君蔚以身作则、敢为人先，通过艰苦卓绝的努力为水土保持与荒漠化防治专业的发展奠定了基石，同时也为专业的可持续发展带来了深刻启示。

（一）建立了有中国特色的水土保持体系

为了创建有中国特色的水土保持学科体系，关君蔚进行了反复的研究和探索，对水土保持的定义、目标、理论基础、内涵和边界作了科学系统的论述。在水土保持体系建设过程中，他并非直接照搬国外学科体系，而是根据中国的实际情况，将世界上几个主要国家的水土保持科学成就融合在一起，并在此基础上，发展创新为具有中国特色的水土保持科学理论，使其成为具有世界水平且服务中国实践的水土保持学科体系，成为我国当今大规模生态林业工程建设的重要理论基础。

关君蔚在野外开展工作时，非常注重化繁为简，将复杂的水土保持理念以简单生动的形式传达给边远地区的人民，为水土保持思想普及作出了巨大贡献。他一直提倡水土保持是千千万万群众共同参与的事业，重要的是群众教育，提高人民群众环境意识和自身素质，进而调动人民群众治山治水的积极性，这是搞好水土保持的根本性问题。在河北山区调研时，他提出"水土保持效益、经济效益和社会效益同步实现"，总结出山区土地利用规划的新方法。为了普及土地规划原则，他编写的民谣"远山高山松柏树，近山低山花果山，川道变成米粮川，幸福生活万万年"，提倡"靠山吃山要养山，充分挖掘山区山地多种多样的生产潜力"等在广大人民群众中快速传播，极大地推进了水土保持工作的普及。

（二）立足实践发展水土保持与荒漠化防治学科

水土保持与荒漠化防治学科是一门实践性很强的学科，关君蔚始终坚持理论结合实践的教学方法，提倡"把论文写在大地上"，主张教师不能"躲"在讲台上，要踏踏实实做点事情。为了将水土保持与社会实践相结合，他带领学生深入水土流失高发区、地质灾害严重区，与当地民众交流取经，从实践中汲取养分，一方面指导当地开展水土保持工作，另一方面获取第一手资料以完善水土保持理论体系（图6-10）。

早在新中国成立初期，关君蔚就结合教学需要，积极参加防风治沙、

图 6-10　关君蔚（右）
与学生张洪江在野外考
察（北京林业大学水土保持
学院 供图）

防护林营造、山区建设和水土保持工作，不断进行探索和研究，总结出我国水土保持具有"生产性、综合性、群众性"等特征。1958年，根据第二次全国水土保持会议的建议，原高教部指示在北京林学院首次建立水土保持专业。关君蔚主持了我国第一次高校本科水土保持专业人才培养计划的编制工作。

北京林学院从1960年起开始向国家水土保持有关部门输送水土保持高级人才。在国家教育委员会编制我国1963—1972年10年科学技术发展规划时，关君蔚根据我国水土流失的严重性以及加强水土保持科学研究的必要性，陈述了水土保持科学综合性的特点，得到全体与会专家的支持，国家首次将"水土保持"单独立项，并列为规划中的重点项目，这从源头上为现今水土保持与荒漠化防治学科成为一级学科提供了重要基础。

关君蔚除对我国水土保持专业的创建与学科发展作出突出贡献外，他还一贯根据教学和学科建设的需要，面向生产，坚持不懈地进行生产经验总结和理论研究。他坚持探索泥石流运动规律及其治理措施，基于多年的研究和实践，他提出了"泥石流不是不可抗拒的自然灾害"的科学论断，而是人类可以预防和治理的毁灭性灾害，并提出了泥石流预测、预报技术与综合防治措施。

1978年，作为国家三北防护林工程项目的唯一技术顾问，他及时提出了"我国的防护林的林种和体系"研究成果，用于各级技术干部培训，并亲自讲授多年。关君蔚提出的关于我国防护林体系建设理论的核心，在于强调多林种、多树种、多种效益相结合，从而使防护林体系建设工程得以全面发挥其生态效益、经济效益和社会效益（图6-11）。

　　关君蔚的指导思想不仅已被三北防护林工程所采纳，并经实践验证，在全国平原绿化工程、长江流域防护林体系建设工程、太行山绿化工程、西藏生态安全屏障保护与建设工程等全国和区域防护林体系建设中得到广泛应用。他提出了改造贫困山区落后面貌的新途径，倡导的多项行之有效的措施在生产中被广泛推广应用。

　　关君蔚撰写的所有科学论著，都是经过深思熟虑的思想精华，都有丰富的第一手资料支撑，都有成功的生产实践案例验证，都能深入浅出地指导从业人员，从而获得学界同仁和社会的广泛认同。他晚年撰写的《生态控制系统工程》一书，创建了一套关于生态控制系统方面的理论。他认为任何事物都可与其存在的环境构成一个系统，要在一定程度上改变或者

图6-11　1980年，关君蔚同林业部干部一起指导大兴安岭林区火灾恢复工作（北京林业大学水土保持学院 供图）

影响这个系统，使其向人们所期望的方向去发展，不可能也没有必要对系统内的所有因子都进行干预或者控制，而是只要选取系统内的一个或几个关键因子，在人为可及范围内对其进行控制，就可以实现对整个系统的影响，并使系统向人们所期望的方向去发展。这一理论体系的提出，对于指导我国的水土保持与荒漠化防治事业具有重要的理论与实践意义。

无论是在精力旺盛的壮年，还是在耄耋之年，关君蔚始终致力于专业建设和学科的发展。40余年来，他融教学、生产和科研于一体，构建了完善的水土保持课程体系，引领了水土保持与荒漠化防治专业的发展方向，创建了具有当代中国特色的水土保持科学体系。他始终坚持"知山知水，树木树人"的教育理念，把精彩的论文写在祖国大地上，培养了大批水土保持与荒漠化防治高级专业技术人才。他高瞻远瞩，精心策划，带动并培养了一支实力雄厚、结构合理的水土保持学术队伍，为构建和发展具有中国特色的水土保持事业作出了卓越贡献。他用一生坚持着"黄河流碧水，赤地变青山"的铮铮誓言，这绿水青山无言地证明着他为中国水土保持事业所付出的宝贵岁月！

第三节

关君蔚与中国水土保持学会

一、中国水土保持学会的成立历程

（一）时代召唤，千淘万漉

1980年3月底至4月初，在黄土高原水土流失综合治理学术讨论会期间，来自农、林、水方面的专家就成立中国水土保持学会进行了初步讨论。结合全国第四次水土保持工作会议，在水土保持学会成立时机更为成熟的背景下，关君蔚紧抓机遇，立即与北京林学院张增哲副教授共同为促进和筹备成立全国性的水土保持学会与中国科学技术协会学会部多次接触沟通（图6-12）。得到答复如下：中国科学技术协会拟对原科协团体会员中全国学会进行一些必要的压缩，同时考虑发展几个与国民经济建设密切

图 6-12　关君蔚在中国水土保持学会和中国林学会水土保持专业委员会前留影（北京林业大学水土保持学院 供图）

相关的新学会，中国水土保持学会被中国科学技术协会列为拟议发展的几个与国民经济建设密切相关的几个学会之一。

关君蔚四处奔走，多次向当时的全国水土保持协调小组办公室，林业部教育司、林业部造林经营司、水利电力部水土保持处等有关部门和单位负责人汇报。同时，他亲自与我国水土保持多位老前辈反复书信沟通交流，并经多方酝酿，按中国科学技术协会申请成立学会的要求，确定由张心一（农业部）、蒋德麒（陕西水土保持局）、朱显谟（中国科学院西北水土保持研究所）、屈健（水利部）、关君蔚五位热心水土保持工作的知名老同志，作为中国水土保持学会的发起人，张增哲为联系人，开始了筹备学会成立的前期工作。

（二）浪遏飞舟，破浪乘风

在中国水土保持学会成立的前期工作中，面对曲折与问题，关君蔚始终选择直面问题、解决问题，钻"矛盾窝"，接"烫手芋"，解"困难锁"。1984年，关君蔚闻知水利电力部领导专门开会讨论了水土保持工作，就水土保持学会成立事项的初步意见是在水利学会下成立二级水土保持学会后，他和蒋德麒立即联名写信给时任水利电力部钱正英部长和杨振怀副部长，再次阐述了水土保持是一项综合性的边缘科学，涉及农业、林业、水利等各项科学技术。虽当时农学会、水利学会、林学会等学术机构内部也都涉及水土保持部分，但其活动仅限于各学会的分散活动，缺乏纵横向联系的渠道。鉴于我国当时水土流失日益加剧，生态平衡失调，水、旱灾害日趋频繁的严重现象，水土保持战线几位老同志的酝酿以及与中国科学技术协会学会部多次接触，虽当前正值中国科学技术学会对全国100多个学会进行压缩调整之际，水土保持学会仍被列入少数需发展建立的学会计划。在充分分析当时国家、行业的需求下，关君蔚和蒋德麟审时度势、坚定信心地向水利电力部提出了成立综合性的一级水土保持学会的请求。同时，关君蔚通过自己的影响力多次与农、林、水有志于水土保持事宜发展的老专家沟通商量，与水、农、林水土保持相关的执行部门协商，最终达成一致意见，成立全国性水土保持一级学会。

学会办事地点事宜方面，起初根据《中国科学技术协会自然科学专门学会组织通则》的精神，撰写了《关于申请建立中国水土保持学会的报告》，并提交了申请加入中国科学技术协会的学会登记表，阐述了学会成立的目的、任务，学会的学科范围（农、林、牧、水、土壤、地貌、农经）以及发起人等，但未涉及学会办事地点事宜。后应中国科学技术协会文件要求，需重新填写新的申请加入中国科协的学会登记表，明确学会办事机构设立地点，办事机构所在单位能为学会提供的条件：办公场所（用房）、专职人员、电话经费等。为此，学会筹备组主要成员关君蔚、张增哲等就学会办事机构设立地点，多次与当时的水利电力部、林业部、农业部相关部门负责人沟通，并征求部分著名水土保持专家意见，期间各方意见不一。经关君蔚不断努力，最终确定学会办事机构（秘书处）设在北京林学院；北京林学院党委研究同意，学会办事机构设在北京林学院并提供学会成立后的办公场所，配备相关专职人员，并征得有关部门同意后，正式报送中国科学技术协会。

1985年，由中国科学技术协会学会部出面专门召开的关于成立全国水土保持学会申请的审核会议上，关君蔚代表申请方到会。会议开始，中国科学技术协会学会部就正式宣布："经慎重研究，关于水土保持学会已定了两个方案，通知你来只是让你选定一个方案。"

中国科学技术协会学会部一位领导笑着和他说："一提学会，你就没完没了，今天就要限制你。你只需要说出选定哪一个方案就散会。"接着，她宣布道："第一个方案是在中国林学会下成立一个水土保持专业委员会，已经取得中国林学会同意，马上就批！第二个方案是独立建立全国水土保持学会，这要经过层层审批的复杂手续，遥遥无期……"

话音未止，关君蔚心中已有定夺，立即说道："听明白了，但我想提一个问题。"女领导马上抢着说："已有言在先，只要你表态，不谈问题……"

"让他把问题提出来吧。"旁边有人提议。

关君蔚微笑着问道："北海公园旁边有个很好的国立图书馆，为什么我们学校还有一个图书馆？"

领导被这个不着边际的问题愣住了。

"他的意思是两个都要。"其中一位与会者顿悟到。

"对，就是这个意思。"关君蔚点了点头。

闻言，全场都笑了。学会部领导低声商量后对他说："你先回去，我们再研究一下后通知你。"

关君蔚深感探到了希望的曙光。

期间，中国科学技术协会学会部在研究学会办事机构设立地点也曾有异议，但通过关君蔚不断地努力，认为学会办事机构设立在高校，不仅有学科的支撑还有学生的参与，更有利于学会发展，也是中国科学技术协会改革的新尝试。

最终于1985年4月，正式收到中国科学技术协会《关于接纳中国畜牧兽医学会等32个学术团体为中国科协团体会员的批复》和国家经济体制改革委员会（1998年撤销）《关于成立中国畜牧兽医学会等29个学术团体的批复》，中国水土保持学会是两个批复文件中接纳和成立的学会之一。

中国水土保持学会经中国科学技术协会批准得以成立，标志着水土保持学会在中国各学科的大家族中已经得到了应有的地位和社会上的承认。

（三）稳步前进，欣欣向荣

中国水土保持学会的成立象征着学会从新生到发展的新阶段，怀揣"而今迈步从头越"的奋进精神，学会展开了一系列的筹备工作。

有了国家的正式批复，中国水土保持学会的筹备工作正式启动。成立筹备组是工作开展的基础，为体现学科的综合性，关君蔚与水保老前辈蒋德麒、屈健、张心一、高继上等沟通，建议筹备组成员在学会成立发起人的基础上，增加农业部、水利电力部、林业部、北京林学院、中国科学院西北水土保持研究所、中国社会科学院农村所以及全国水土流失重点治理省（自治区、直辖市）的有关人员。筹备组的组成获得农、林、水相关部门的认可。

筹备组组建完成，召开第一次筹备工作会提上日程，关君蔚义无反顾地承担了筹备会前期的大量工作，如学会章程起草、理事会组成、秘书处的组织架构等。他亲自拟定了章程框架，与张增哲、闫树文等共同起草完成了学会第一部章程（草案）、理事会组成方案、秘书处组织及分工等材料。至此，召开第一次筹备工作会基本就绪。

1985年10月7—8日，中国水土保持学会第一次全国代表大会筹备会议在北京林业大学召开，关君蔚主持了会议。出席会议的代表有当时的中共中央书记处农业政策研究室、农牧渔业部、林业部、水利部及所属黄河水利委员会、长江水利委员会、珠江水利委员会、淮河水利委员会、海河水利委员会、松辽水利委员会6个流域机构、国家计划经济委员会国土局、国家环境保护局、中国科学院综合考察委员会、中国科学院西北水土保持研究所、中国科学院成都地理所、中国社会科学院农业经济研究所和陕西、甘肃、山西三省、北京林业大学以及新华社等22个单位的31人，中国科学技术协会学会部负责人到会进行了指导。

会议首先听取了原学会筹备小组联系人张增哲关于学会筹备成立经过的介绍，结合《中国水土保持学会章程（草案）》，着重讨论了理事会组成的原则方法和名额分配的具体比例；确定了中国水土保持学会第一次全国代表大会筹备小组的组成及会议召开的初步时间等问题。会上，关君蔚就理事候选人问题谈了他的意见：人选不提具体人，从综合性上入手，生产、科研、教学都要考虑，若按"三三制"，则生产部门要大于"三三制"，科研、教学部门相对少于"三三制"，中央、地方基层也要考虑"三三制"；另外，此次会议是由北京林学院筹备组织，下次会议应该由筹备小组筹备了。

会议采纳了关君蔚的意见，就以下问题达成共识：一是水土保持学会不是单一学科的学会，是一个跨部门、跨学科、综合性很强的学会，在理事组成上要有充分的代表性，要照顾到各地、各方面，同时对科技工作者人数多的重点地区应有所区别和照顾；二是理事会名额暂定90人左右；三是成立学会第一次全国代表大会筹备小组，小组由11人组成，其中农牧渔业部1人，国家环境保护局1人，林业部2人，水利电力部2人，中国科学院西北水土保持研究所1人、农业发展中心1人，中国社会科学院农业经济研究所1人，北京林业大学2人。

筹备会以后，1986年1月7日，关君蔚担任主持，中国水土保持学会第一次全国代表大会筹备小组召开了第一次会议。时任水利电力部丁泽民司长出席会议，代表水利电力部肯定了北京林业大学在学会成立过程中所做的大量工作，同时表示学会办事机构设在北京林业大学是合适的。

首先，本次会议就《中国水土保持学会章程（讨论稿）》逐条进行了讨论和修改，完成了可供学会第一次全国代表大会讨论的《中国水土保持学会章程（草稿）》。其二，会议决定1986年3月在北京召开中国水土保持学会第一次全国代表大会，代表共150人。其三，会议酝酿了理事会的组成方案，同时还酝酿了常务理事会的人员组成，拟定常务理事会成员17名，其中在北京常务理事人数不得少于2/3，理事长由水利电力部人员担任，副理事长4人，分别由中共中央书记处农村政策研究室、林业部、北京林业大学、中国科学院各推荐1人担任，秘书长由北京林业大学推荐1人担任，副秘书长若干人，由常务理事会推荐产生。

出席会议的筹备小组成员有中共中央书记处农业政策研究室、农牧渔业部、林业部、水利电力部、国家环境保护局、中国科学院西北水土保持研究所、中国科学院农村发展中心、中国科学技术协会学会部和北京林业大学等单位的代表共14人。

为落实中国水土保持学会第一次代表大会筹备组会议精神和学会领导机构（负责人）人员，筹备组负责人关君蔚与学会所在单位北京林学院党委书记阎树文，筹备组联系人张增哲向时任水利电力部杨振怀副部长作了汇报。时任水利电力部农水司邹副司长、水土保持处高博文副处长出席，经磋商后，杨振怀副部长作出明确指示：学会筹备组征得林业部同意，杨振怀副部长可以代表全国水土保持协调小组和水利电力部由学会推荐为理事长候选人，并在学会第一次全国代表大会上做报告；水土保持学科综合性强，水土保持工作涉及的生产部门多，提出经费宜由支持单位合理分担，按年度根据计划拨付；当场由关君蔚、高博文总工程师协商后，建议由水利电力部承担40%，林业部承担40%，农业部和中国科学院承担20%的比例，杨振怀副部长表示同意承担所拟定的份额；鉴于水土保持协调小组设在水利电力部，水土保持工作归口水利部门，科学技术工作者在水利系统的人数较多，因此，在理事名额分配上占比例较大为40%左右，科研单位不足20%，教学部门也不足20%，农、畜草、社经、国土、环保、生态系统、交通等方面占10%以上，以求覆盖面较广，有利于跨学科、跨行业、跨部门开展学术活动。当汇报到，筹备组一致希望水土保持协调小组组长、水利电力钱正英部长能担任学会名誉理事长时，杨振怀副部长表示待部长出国回来后代为转述。随后关君蔚亲笔给林业部杨钟部长写信汇报筹备组会议情况，并亲自前往林业部向杨钟部长汇报了与水利电力部协商后初定的学会组建方案，终获得林业部的同意。

1986年3月24日，中国水土保持学会第一次全国代表大会筹备小组发出中国水土保持学会文件《关于推荐中国水土保持学会第一次全国代表大会第一届理事会理事候选人及其要求的通知》。1986年5月6日，中国水土保持学会筹备小组发出中国水土保持学会文件《关于召开中国水土保持学会第一次全国代表大会的通知》。

为保证中国水土保持学会第一次代表大会召开的顺利召开，关君蔚多次到筹备办公室了解会议筹备进展、困难，凡筹备办公室开会关君蔚必到，如遇困难他都能提出有益的意见；但凡需要与行业主管部门协商事宜必当自告奋勇书信联系，并亲自前往沟通、协商。

临近学会第一次全国代表大会，1986年5月15日筹备小组召开了第二次会议，由关君蔚主持。会议研究了会议主席团名单、选举办法、学会工作计划、章程修改草案、特邀领导、特邀专家、新闻报道，确定了会议领导小组成员及工作组职责等事项。会后，关君蔚亲自给时任水利电力部钱正英部长、林业部杨钟部长、国务院三西地区农业建设领导小组林乎加组长去信，恳请他们出任学会第一届理事会名誉理事长。同时亲笔写信给时任中共中央农村政策研究室主任杜润生，恳请到会做特邀报告，得到同意。学会第一次全国代表大会会前，关君蔚亲自制定了会议日程（草案），为北京林业大学党委书记阎树文同志起草开幕词，并负责落实了时任水利电力部杨振怀副部长、农牧渔业部陈耀邦副部长、林业部刘广运副部长、中国科学技术协会学会部林振申部长的讲话。

1986年5月26—29日，中国水土保持学会第一次全国会员代表大会在北京召开。时任全国水土保持工作协调小组组长、水利电力部部长钱正英，水利电力部副部长杨振怀，林业部副部长刘广运，农牧渔业部副部长陈耀邦，中国科学技术协会学会部部长林振申，水土保持老前辈、著名的水土保持老前辈、老专家张含英、张心一、黄秉维、屈健、关君蔚、刘德润、阳含熙、方正三、吴以教等出席会议。

张心一、屈健、方正三、高继善、关君蔚等在大会上作了语重心长的发言。时任中共中央书记处农村政策研究室主任杜润生应邀做报告。会议讨论通过《中国水土保持学会章程（草案）》，选举产生学会第一届理事会和常务理事会，杨振怀当选为理事长，董智勇、陈耀邦、阎树文、张有实、杨文治当选为副理事长，阎树文兼任秘书长。关君蔚作为主要筹备者，主动选择只担任理事。

会议的成功召开，是关君蔚等我国水土保持科技工作者协心勠力奋斗而来的，既标志水土保持学会的正式成立，也表明我国水土保持工作及其科学技术发展到了一个新阶段，迈步走向光明未来。

二、中国水土保持学会的定位与发展

中国水土保持学会（CSSWC）是由全国水土保持科技工作者自愿组成、依法登记的全国性、学术性、科普性的非营利性社会法人团体。于1985年3月由国家经济体制改革委员会批准成立，同年加入中国科学技术协会成为其团体会员，是党和政府联系广大水土保持科学技术工作者的桥梁、纽带和发展我国水土保持科学技术事业的重要社会力量，是中国科学技术协会的组成部分。

水土保持工作在我国有着悠久的历史，但起初仅停留在群众自发的基础上。新中国成立前，黄河流域只有天水、关中两个水土保持实验区，职工50余人，开展了少数单项实验。新中国成立后，党和政府对水土保持工作给予了巨大关怀和重视，水土保持科技工作者有了很大的发展，但水土保持工作的领导体制问题仍处于调整改革的过程中，加上水土保持学科具有跨行业、跨部门的特点，水土保持科技人员分散在农、林、水、国土、环境保护等部门。因此，彼此缺乏沟通联系，早在1955年我国召开的第一次水土保持会议上，关君蔚就和当时的几位老学长共同提出过建立水土保持学会的建议，但未被列入议事日程，以后虽经多次反复提出，均未有进展。

1957年，全国第二次水土保持会议决定要在高校设立水土保持专业，北京林学院承担了这个创业的任务，关君蔚带领同事们克服了一个又一个困难，制定了专业计划和课程设计。1958年，水土保持专业成立，标志着在中国的单一的水土保持学向水土保持学科体系发展的起步。1984年由国家教育委员会（现教育部）批准，水土保持学科建立，1989年，又被评为全国农学重点学科。至此，水土保持学科的建立为中国水土保持学会的成立奠定了基础。

1978年，党的十一届三中全会后，水土保持事业也喜获新生，水土保持机构和科研究院所正在恢复、中高等教育事业有较大发展，但由于水土保持具有综合性和跨行业、跨部门的特点，水土保持科技人员分散在农、林、水、国土、环境保护等各行业，因此，彼此缺乏纵横间联系渠道。在信息化快速发展的大趋势下，成立中国水土保持学会以团结全国广大水土保持科技人员，加强国内外水土保持科学交流，开展继续工程教育，提高现有科技人员水业务水平，反映他们的意见和呼声，推动我国的水土保持科技事业，促进水土保持科技战线多出成果、多出人才，成为我国广大水土保持科技工作者的共同心愿和渴望。

时刻洞悉水土保持事业发展的关君蔚正是带着广大水土保持科技工作者的期许，经过与其他筹备者们的不懈努力，最终成功成立中国水土保持学会，为各部门、多学科的密切合作提供了良好的渠道。

从"群众自发"到成立中国水土保持学会，再从中国水土保持学会第一次全国代表大会上的"我们将来的标准，生态系统出现良性循环"到逐渐清晰的科学规划与展望，中国水土保持学会始终向着完善理论和体系，更好地将科学应用于实地迈步发展。

三、关君蔚在推动学会学术交流和海峡两岸关系中的作用

开展学术交流活动，是科技社团创新发展的立身之本。30多年来，围绕水土保持与生态文明建设发展的迫切需要，学会广泛开展国际、国内（含海峡两岸三地）等多层次学术交流活动，形成了专业性的多层次水土保持领域学术研讨机制和学术交流体系，为广大水土保持科技工作者提供了增进了解、拓宽视野、互相学习、彼此借鉴的广阔平台，为促进水土保持事业发展起到了重要作用。

（一）推动学会学术交流

围绕水土保持事业的发展，搭建各种专题研讨平台。针对国内外水土保持领域的现状，学会适时组织专家召开形式多用，内容丰富的研讨会。1988年，在全国热议三峡工程之际，关君蔚提出由学会主办"长江流域水土保持学术研讨会"，会后汇编了《举国上下共论长江》（图6-13）并出版，会上何乃维提出三峡工程建设应防止长江变黄河，观点的提出引起全国各方的辩论，为此三峡工程建设中，生态先行成为国家战略。

图 6-13　中国水土保持学会主办
"长江流域水土保持学术研讨会"
汇编《举国上下共论长江》论文
集（北京林业大学水土保持学院 供图）

（二）稳定两岸交流机制

1992年，关君蔚与台湾省水土保持界著名学者、专家廖绵俊接触，在福建召开第一次海峡两岸"农地水土保持学术研讨会"。1998年，在成都召开了"海峡两岸山地水土保持研讨会"，会上商定了此次会议每两年召开1次，两年分别在两岸举办。2002年，关君蔚亲自率队到台湾参加第二届会议，会议模式逐步形成稳定机制和模式。2014年，学会继承良好传统，谋求长远发展，创新组织模式，与台湾中华水土保持学会正式签署了《海峡两岸水土保持学术交流框架协议》，标志着海峡两岸水土保持学术交流进入规范系统、范围全面、组织规范、内容深入的新阶段。

这是两岸水土保持交流活动蓬勃开展的积淀和成果，是两岸学术平台的优化与提升，更是学会学术交流品牌活动的有力支撑。截至目前，围绕水土保持与生态文明等热点话题，双方共同主办了10余届"海峡两岸水土保持学术研讨会"，会议规模之大，水平之高，已成为业界学者思想碰撞的年度盛会和智慧分享的重要平台。

中国水土保持学会成立后，关君蔚任第一届、第二届常务理事，学会学术部部长，《中国水土保持科学》第一届主编。为学会成立及发展作出了巨大的贡献，学会今天获得的社会地位，在国际水土保持领域及学科影响力上，与关君蔚一生致力于水土保持事业密不可分。

四、关君蔚与学会会刊

1986年5月29日，在中国水土保持学会一届一次常务理事会上，关君蔚提出了学会应尽快开展学术交流，出版自己的期刊。为尽快将学会信息发布给全国科技工作者，占领学术交流的重要阵地，关君蔚提议学会先编辑出版《水土保持报》，亲自请时任中共中央书记处农村政策研究室主任和国务院农村发展研究中心主任杜润生为报纸撰写报头。1986年9月20日，由中国水土保持学会主办的《水土保持报》创刊，每年1期，每期4版，共出版21期，于2006年底暂停。《水土保持报》出版发行期间，对我国水土保持领域发生的重大事件、取得的重要研究成果进行了报道，有效地宣传和促进了我国水土保持事业的发展。

报纸的出版对学科及学会的发展有其局限性。关君蔚提出学会必须有自己的正式出版的学术期刊，并提出学术期刊是学会的"灵魂"。1986—2003年，关君蔚多次亲自到中国科学技术协会、国家科学技术委员会、国家新闻出版总署反映学会出版期刊的必要性，终于2002年感动了中国科学技术协会、国家科学技术委员会信息所（审核期刊部门）。2003年3月1日，经国家新闻出版总署同意，由中国科学技术协会主管，中国水土保持学会主办的综合性学术期刊《中国水土保持科学》正式创刊。期刊获准出版，关君蔚如孩子一般高兴，反复说水土保持学会终于有了自己学术交流的阵地，亲自为期刊设计了封面，主动申请担当主编。经学会理事会同意，关君蔚任《中国水土保持科学》第一任主编。

为尽快提升期刊影响力，关君蔚亲自向知名学者、专家约稿，设立栏目。创刊之初为季刊，2006年变更为双月刊，2016年变更为中英文刊物。在学会常务理事会和秘书处的领导下，在历届编委会坚持不懈的积极探索、持续求进中，加之各界同仁建言献策、鼎力协助，刊物得到长足的发展。2004年，《中国水土保持科学》成为中国科技核心期刊，2011年入选中国科学引文数据库（CSCD），2015年入编北京大学《中文核心期刊要目总览》，2020年入选Scopus数据库。至此，期刊已囊括国内公认的影响力较大的各大期刊数据库，标志着本刊在我国水土保持领域信息传播上发挥了明显作用，对学科的导向和引领也已经产生了广泛的学术影响力。

关君蔚为期刊的发展尽心尽力，自己从未在期刊上发表过自己的文章，至今期刊封面风格基本沿用关君蔚最初的设计风格。

参考文献

保得洛夫. 土壤改良土壤学[M]. 北京: 中国林业出版社, 1953.

崔鹏, 关君蔚. 泥石流起动的突变学特征[J]. 自然灾害学报, 1993(1): 53-61.

杜润生同志在中国水土保持学会第一次全国代表大会上的讲话[J]. 中国水土保持, 1986(8): 4-8, 64.

樊宝敏. 从梦想到现实: "三北"工程的谋划与推动[J]. 森林与人类, 2004(1): 14-18.

关君蔚, 王礼先, 孙立达, 等. 泥石流预报的研究[J]. 北京林学院学报, 1984(2): 1-16.

关君蔚, 张洪江, 李亚光, 等. 北京林业大学关君蔚工作室与社科院社会学研究所长景天魁博士的座谈记要[J]. 西部林业科学, 2005(4): 129.

关君蔚. "三北"防护林体系建设工程[M]. 北京: 中国大百科出版社, 1985.

关君蔚. 北京的水土保持[J]. 北京水利, 1996(4): 7-13.

关君蔚. 防护林体系建设工程和中国的绿色革命[J]. 防护林科技, 1998(4): 12-15.

关君蔚. 甘肃黄土丘陵地区水土保持林林种的调查研究[J]. 林业科学, 1962(4): 268-282.

关君蔚. 荒漠化与沙漠化的名称与概念的讨论: 关于"荒漠化(desertification)"的由来及其防治[J]. 科技术语研究, 2000(4): 9-10.

关君蔚. 山区建设和水土保持[J]. 四川林业科技, 1983(2): 11-21.

关君蔚. 生态控制系统工程[M]. 北京: 中国林业出版社, 2007.

关君蔚. 石洪的运动规律及其防治途径的研究[J]. 北京林学院学报, 1979(0): 9-29.

关君蔚. 水土保持学[M]. 北京: 农业出版社, 1961.

关君蔚. 水土保持原理[M]. 北京: 中国林业出版社, 1966.

关君蔚. 西部建设和我国的可持续发展[J]. 世界林业研究, 2000(2): 4-5.

关君蔚. 运筹帷幄、决胜千里: 从生态控制系统工程谈起[M]. 北京: 清华大学出版社, 2000.

关君蔚. 中国水土保持学科体系及其展望[J]. 北京林业大学学报, 2002(Z1): 277-280.

关君蔚院士生平简介[J]. 中国水土保持科学, 2018, 16(1): 2.

胡汉斌. 发扬关君蔚教授爱国敬业精神为祖国水土保持事业多做贡献[J]. 北京
林业大学学报, 1997(S1): 3-5.

解明曙. 拳拳之心育英才: 献给我的恩师关君蔚院士80寿辰[J]. 北京林业大学学
报, 1997(S1): 45.

李凤, 吴长文. 水土保持学的发展[J]. 南昌水专学报, 1995(1): 69-74.

李平廷. 森林改良土壤学[M]. 北京: 水利电力出版社, 1958.

李荣华. 20世纪50年代以来中国水土保持史研究综述[J]. 农业考古, 2020(6):
265-272.

林科. 中国工程院院士: 关君蔚[J]. 林业科学, 1999(3): 3.

刘洪恩. 记早期关君蔚以林为主的水土保持学术思想[J]. 北京林业大学学报,
1997(S1): 15-16.

师源. 关君蔚和三北防护林[J]. 绿叶, 2006(11): 60-61.

石云章. 保住从森林的根底渗出来的水[J]. 民族团结, 1998(9): 31-32.

苏联农业部. 农林改良土壤学[M]. 北京: 财政经济出版社, 1954.

铁铮, 廖爱军. "泥腿子"院士: 中国水土保持学科奠基人关君蔚[J]. 北京教育(高
教), 2016(12): 70-72.

铁铮. 半个世纪的追求: 记全国优秀教师关君蔚教授[J]. 中国林业教育, 1990(1):
22-24.

王礼先. 水土保持学科的奠基人: 庆贺导师关君蔚院士80寿辰[J]. 北京林业大学
学报, 1997(S1): 11-13.

王选珍. 关君蔚院士简历[J]. 北京林业大学学报, 1997, 19(S1): 197-198.

王治国, 周世权. 我国水土保持与荒漠化防治专业人才培养与课程体系的历史与
现状分析[J]. 中国林业教育, 1999(1): 57-60.

萧龙山. 内蒙古干旱草原区防治土地荒漠化, 建设综合防护林体系的奠基人之
一: 关君蔚院士[J]. 北京林业大学学报, 1997(S1): 25-30.

杨雨行. 谈谈关君蔚是怎样教书育人的[J]. 北京林业大学学报, 1997(S1): 43-44.

张洪江, 崔鹏. 关君蔚水土保持科学思想回顾[J]. 中国水土保持科学, 2018(1):
1-8.

张洪江, 关君蔚. 大兴安岭特大森林火灾后水土流失现状及发展趋势[J]. 北京林
业大学学报, 1988(2): 33-37.

张蕾, 李宇英. 踏遍青山人未老: 访著名水土保持和生态控制系统工程专家关君蔚院士[J]. 科学中国人, 2007(2): 122-125.

中国水土保持学会第一次全国代表大会筹备会议纪要[J]. 水土保持科技情报, 1986(1): 57.

中国水土保持学会第一届理事会人选[J]. 水土保持通报, 1986(4): 64-65.

中国水土保持学会在京成立[J]. 中国水土保持, 1986(8): 13.

附录一 关君蔚年表

1917年	5月23日出生于奉天省（现辽宁省）沈阳市
1934年	考入日本南满洲铁道株式会社熊岳城农事实验场技术培训班，学习园艺
1936年	考入"新京"（现长春）留学生预备学校，公费留学日本
1937年	"新京"（现长春）留日学生预备学校毕业
1938年	考入日本东京农林高等学校（现东京农工大学）林学科
1939年	破格选为东京农工大学农林口留日学生代表
1941年	日本东京农林高等学校（现东京农工大学）林学科毕业
1942—1946年	任北京大学农学院森林系副教授，主讲森林理水防砂工学、测树学、木材化学等课
1946—1947年	任北京大学第四分班副教授
1949—1952年	任河北农学院（现河北农业大学）森林系讲师、副教授
1950年	赴河北省宛平县（现北京市门头沟区）开展泥石流灾害治理工作
1952年	任北京林学院（现北京林业大学）副教授
1953—1983年	任北京林学院和北京林业大学副教授、教授；造林、森林改良土壤教研室主任，水土保持专业负责人，水土保持系主任
1955年	参与原高等教育部"全国高等农林院校4个专业教学大纲审定会"，主持编撰《水土保持学》统编教材
1956年	专著《保持水土多造林》出版
1957—1966年	聘任为中国科学院沈阳林业土壤研究所兼职研究员
1958年	主持制定水土保持专业课程设计和专业计划
1960—1962年	中国林学会第二届理事会理事
1961年	教材《水土保持学》出版
1962年	在《林业科学》发表题为《甘肃黄土丘陵地区水土保持林林种调查》的专题报告，首次提出"水土保持林体系"的概念
1966年	教材《水土保持原理》出版

1969年	随北京林学院迁址云南，先后搬迁到云南丽江、下关等地参加劳动学习
1973年	随北京林学院集中到云南昆明楸木园，承担林业专业的"水土保持学"教学任务
1976年	先后在河北省正定县做沙荒规划设计，山西省吉县城关公社东方红大队进行水土保持规划教学工作
1977年	在河北省遵化县沙石峪开展山区建设和水土保持规划设计，并参与做水土保持和基本农田建设工作
1978年	参加全国科学大会，成果"泥石流预测预报及其综合治理的研究"获全国科学大会奖
1978年	参加三北防护林工程成立大会
1979年	经国务院批准，指定为三北防护林工程技术顾问
1979年	随北京林学院返京复校
1980年	负责组建并成立我国第一个水土保持系
1981年	晋升为教授
1981年	参加黄河水利委员会举办的水土保持研讨班，试讲新编《水土保持原理》新教材
1982年	"乔、灌、草相结合，可以防御风沙"于4月16日在*China Daily*发表
1982年	随中国林业技术交流代表团前往日本考察，日方在《森林与国民》以"中国的森林与林业"刊文介绍此行
1982—1985年	中国林学会第五届理事会理事
1983年	国务院全国水土保持协调小组授予"全国水土保持先进个人"光荣称号
1983年	前往广西柳州参加全国农业开发会议
1984年	陪同时任农业部副部长蔡子伟在西北黄土高原考察
1984年	主持《中国大百科全书》和《中国农业百科全书》中水土保持部分编纂工作
1985年	加入中国共产党
1986年	主持筹建并成立了中国水土保持学会，当选为中国水土保持学会第一届理事会常务理事
1986年	在长江流域水土保持学术讨论会论文集《举国上下共论长江》发表文章《森林涵养水源机理的研究》

1987年	获评"中国科学技术协会先进工作者"荣誉称号
1987年	成果"宁夏西吉黄土水土流失综合治理的研究"分别获中国林学会梁希奖、林业部科学技术进步一等奖
1987年	参加国务院召开的大兴安岭灾区恢复生产重建家园领导组论证会，并在会上做题为《人、水、林之间的关系——兼论在我国现代化建设中林业的地位和作用》的报告
1988年	成果"宁夏西吉黄土水土流失综合治理的研究"获国家科学技术进步奖二等奖
1988年	参加国家计划经济委员会在四川成都召开的"长江中上游防护林体系建设"审议会议
1989年	荣获国家教育委员会颁发的"全国优秀教师"奖章
1989年	《水土保持原理》被林业部评为优秀教材
1990年	深入北京怀柔长哨营和密云四合堂泥石流受灾地开展治理工作
1991年	作为中国水土保持学会和中国林学会水土保持专业委员会代表参加中国科学技术协会召开的第四次全国代表大会
1992年	在陕西榆林现场参与成立中国治沙暨沙产业学会
1993年	深入四川秭归香溪上游的兴山泥石流开展治理工作
1993年	参与林业部主持的"93·5·5强沙尘暴"考察和对策探索工作
1994年	应中央电视台邀请，前往甘肃河西走廊实地拍摄《东方之子》专题栏目
1995年	当选中国工程院院士
1996年	再编全国教材《水土保持原理》出版
1996年	参与新疆塔克拉玛干大沙漠"沙漠油田基地环境观测与防沙绿化"先导实验研究成果鉴定
1998年	转为中国工程院资深院士
2002年	被评为"全国十大治沙标兵"
2004年	获首届国家林业科技重奖
2004年	被联合国环境规划署（UNEP）聘为中国投资与技术促进处绿色产业专家委员会高级顾问
2007年	专著《生态控制系统工程》出版
2007年	12月29日逝世

附录二　关君蔚主要论著

[1] 关君蔚. 山地利用和农林牧业的划分[J]. 林业科学, 1954(2).

[2] 关君蔚. "组织起来, 提高生产"推行草田耕作制[J]. 生物学通报, 1954(6).

[3] 关君蔚, 王林, 殷良弼. 北方岩石山地划分农林牧区的意见[J]. 林业科学, 1955, 2: 1-10.

[4] 关君蔚. 保持水土多造林[M]. 北京: 中国林业出版社, 1956.

[5] 关君蔚. 关于石质山地编制立地条件类型表及造林类型工作几点意见[M]//林业部造林设计局. 编制立地条件类型表及设计造林类型. 北京: 中国林业出版社, 1958.

[6] 关君蔚. 大地园林化规划设计[M]. 北京: 中国林业出版社, 1958.

[7] 关君蔚. 水土保持学[M]. 北京: 农业出版社, 1961.

[8] 关君蔚. 甘肃黄土丘陵地区水土保持林林种的调查研究[J]. 林业科学, 1962, 4: 268-282.

[9] 关君蔚. 有关水土保持林的几个问题: 在黄河流域水土保持科学研究工作会议上的发言[J]. 黄河建设, 1964(2): 19-21.

[10] 关君蔚. 水土保持原理[M]. 北京: 中国林业出版社, 1966.

[11] 关君蔚, 李时荣. 滇东北小江泥石流调查报告[R]. 北京林业大学科研成果汇编, 1975: 13-18.

[12] 关君蔚. 四千年前"巴比伦文明毁灭的悲剧"不允许在二十世纪的新中国重演[J]. 北京林学院学报, 1979(0): 1-8.

[13] 关君蔚. 石洪的运动规律及其防治途径的研究[J]. 北京林学院学报, 1979(0): 9-29.

[14] 关君蔚. A study on the types and charactesitics of soil and water conservation in China (中国水十保持类型的特点研究)[C]. 第四次国际泥沙学术论文集, 1979.

[15] 关君蔚. 发展"生物能源"是实现农业现代化的关键[J]. 水土保持, 1981(1): 44.

[16] 关君蔚. 水土流失地区的土地利用规划[J]. 北京农业科技, 1982(3): 33-42.

[17] 关君蔚. 前事不忘, 后事之师: 从442次客车失事看水土保持科学的重要性[J]. 水土保持通报, 1982(2): 26-29.

[18] 关君蔚. 乔、灌、草相结合, 可以防御风沙[N]. China Daily, 1982-04-16.

[19] 关君蔚. 山区建设和水土保持[J]. 四川林业科技, 1983(2): 11-21.

[20] 关君蔚, 王礼先, 孙立达, 等. 泥石流预报的研究[J]. 北京林学院学报, 1984(2): 1-16.

[21] 关君蔚. "三北"防护林体系建设工程[M]. 北京: 中国大百科出版社, 1985.

[22] 关君蔚, 姚国民. 土耳其林业、水土保持见闻[J]. 北京林学院学报, 1985(1): 85-93.

[23] 关君蔚. The problem of soil and water conservation in the southwest of China (中国西南的水土保持问题). 喜马拉雅–兴都库什开发治理国际会议论文集, 1985.

[24] 关君蔚, 李毅功, 汪恩. "三北"防护林体系建设工程. 绿色长城: 改革中的我国林业建设国际森林年专刊[M]. 北京: 中国林业出版社, 1985.

[25] 关君蔚, 阎树文, 孙立达. 西吉县水土保持综合治理科学实验基地县技术经验的探讨[G]. 全国山区开发学术会议文件汇编, 1985.

[26] 关君蔚. 关于农村林业在中国几个问题的探讨[C]. 国际农村学术会议论文集, 1986.

[27] 张洪江, 关君蔚. 大兴安岭特大森林火灾后水土流失现状及发展趋势[J]. 北京林业大学学报, 1988, 10(S2): 33-37.

[28] 关君蔚. 我国防护林体系的建设和生态控制系统工程[C]. 长江中上游防护林建设论文集, 1988.

[29] 关君蔚. 林水结合为祖国和未来增光: 参加"三江"水电考察的几点体会[C]. 四川"三江"水电综合考察文集, 1990.

[30] 关君蔚. 绿色长城: 改革中的我国林业建设. 中国大百科年鉴, 1990.

[31] 董智勇, 沈国舫, 刘于鹤, 关百钧, 魏宝麟, 关君蔚, 沈照仁, 徐同忠, 王恺, 李继书, 陈平安, 林风鸣, 张华令, 孔繁文, 广呈祥, 黄枢, 蒋有绪, 周仲铭, 吕军, 杨福荣, 黄鹤羽, 廖士义, 侯知正. 90年代林业科技发展展望研讨会发言摘要[J]. 世界林业研究, 1991(1): 1-21.

[32] 关君蔚. 关于我国水土保持科学体系的展望[G]. 中国科学技术协会第四次全国代表大会学术活动论文汇编, 1992.

[33] 关君蔚, 李杨, 等. 安宁河流域生态林业设想的研究[R]. 安宁河流域综合经济开发战略研究报告, 1992.

[34] 崔鹏, 关君蔚. 泥石流起动的突变学特征[J]. 自然灾害学报, 1993, 2(1): 53-61.

[35] 张洪江, 关君蔚. 土地利用线性规划结果的影子价格计算与敏感性分析[J]. 自然资源学报, 1993(2):184-192.

[36] 关君蔚, 王贤, 张克斌. 建设林草科学用水, 增强综合防灾能力: 从"93·5·5"强沙尘暴引出的思考[J]. 北京林业大学学报, 1993(4): 130-137.

[37] 关君蔚, 李中魁. 持续发展是小流域治理的主旨[J]. 水土保持通报, 1994(2): 42-47.

[38] 姚云峰, 王礼先, 关君蔚. 论旱作梯田生态系统[J]. 干旱区资源与环境, 1994(3): 116-121.

[39] 关君蔚. 现代农业科学的发展要建立在保持水土的盘石基础上[J]. 学会, 1994(10): 15.

[40] 关君蔚. 中国的绿色革命: 试论生态控制系统工程学[J]. 生态农业研究, 1996(2): 7-12.

[41] 关君蔚. 北京的水土保持[J]. 北京水利, 1996(4): 7-13.

[42] 关君蔚. 开展山区生产工作的几点体会[J]. 北京林业大学学报, 1997, 19(S1): 186-189.

[43] 关君蔚. 试论我国的淡水资源[J]. 北京林业大学学报, 1997, 19(S1): 190-196.

[44] 关君蔚. 防护林体系建设工程和中国的绿色革命[J]. 防护林科技, 1998(4): 12-15.

[45] 关君蔚. 淡水资源和农村可持续发展的动态监测[J]. 中国农业资源与区划, 1998(6): 23-27.

[46] 关君蔚. 建设长江防护林体系已是当务之急[N]. 中国青年报, 1998.

[47] 张新时, 石玉林, 关君蔚, 等.关于新疆农业与生态环境可持续发展的建议[J]. 中国科学院院刊, 1999(5): 336-340.

[48] 关君蔚.西部建设和我的可持续发展[J]. 世界林业研究, 2000(2): 4-5.

[49] 关君蔚著. 运筹帷幄、决胜千里: 从生态控制系统工程谈起[M]. 北京: 清华大学出版社, 2000.

[50] 关君蔚. 荒漠化与沙漠化的名称与概念的讨论: 关于"荒漠化(desertification)"的由来及其防治[J]. 科技术语研究, 2000(4): 9-10.

[51] 关君蔚, 张洪江. 我国景观生态控制系统工程动态跟踪监测预报的探索[G]. 中国科协2001年学术年会分会场特邀报告汇编, 2001.

[52] 关君蔚, 朱金兆. 减灾防灾和可持续发展[G]. 21世纪新北京生态生物学学术研讨会论文汇编, 2001.

[53] 关君蔚. 中国水土保持学科体系及其展望[J]. 北京林业大学学报, 2002, 24(Z1): 277-280.

[54] 关君蔚. 关于"生态灾难"和我国的可持续发展[G]. 中国科协2002年减轻自然灾害研讨会论文汇编, 2002.

[55] 关君蔚. 传播沙棘科技信息促进生态环境建设事业的发展: 《国际沙棘研究与开发》创刊词[J]. 国际沙棘研究与开发, 2003(1): 3.

[56] 关君蔚. 水资源和土地资源如何利用都与草原畜牧业有着千丝万缕的联系[C]. 全国草原畜牧业可持续发展高层研讨会论文集, 2003.

[57] 关君蔚. 从探索景观生态系统工程的需要: 重读"系统工程"的札记[C]. 中国治沙暨沙产业研究: 庆贺中国治沙暨沙业学会成立10周年(1993—2003)学术论文集, 2003.

[58] 关君蔚. 我国水土保持科学的新阶段[G]. 全面建设小康社会: 中国科协二〇〇三年学术年会农林水论文精选, 2003.

[59] 关君蔚. 关于全国农林院校教育改革的几点建议[C]. 2004年全国学术年会农业分会场论文专集, 2004.

[60] 关君蔚. 我国的红树林和海岸防护林[C]. 第二届中国(海南)生态文化论坛论文集, 2005.

[61] 关君蔚, 张洪江, 李亚光, 等. 北京林业大学关君蔚工作室与社科院社会学研究所长景天魁博士的座谈记要[J]. 西部林业科学, 2005(4): 129.

[62] 关君蔚. 生态控制系统工程[M]. 北京: 中国林业出版社, 2007.

亲爱的关院士：

亲爱的读者：

　　本书在编写过程中搜集和整理了大量的图文资料，但难免仓促和疏漏，如果您手中有院士的图片、视频、信件、证书，或者想补充的资料，抑或是想对院士说的话，请扫描二维码进入留言板上传资料，我们会对您提供的宝贵资料予以审核和整理，以便对本书进行修订。不胜感谢！

留言板

来信请寄：北京市西城区刘海胡同7号中国林业出版社 316室　　100009